Yu Xiao

A experiência para reduzir a poluição atmosférica

Yu Xiao

A experiência para reduzir a poluição atmosférica

Que lições podem Pequim, China, retirar dos países desenvolvidos quando tentam reduzir as emissões?

ScienciaScripts

Imprint

Cover image: www.ingimage.com

This book is a translation from the original published under ISBN 978-3-659-85039-4.

Publisher:
Sciencia Scripts
is a trademark of
Dodo Books Indian Ocean Ltd. and OmniScriptum S.R.L publishing group

120 High Road, East Finchley, London, N2 9ED, United Kingdom
Str. Armeneasca 28/1, office 1, Chisinau MD-2012, Republic of Moldova, Europe
Printed at: see last page
ISBN: 978-620-8-32187-1

Conteúdo:

Lista de abreviaturas:

CO: Carbon oxide

CO_2: Carbon dioxide

H_2S: Hydrogen sulphide

MTBE: Methyl-tert.-butyl-ether

NO_2: Nitrogen dioxide

NO: Nitric oxide

NO_X: Nitrogen oxides

PM: Airborne particulate matter

PM 2.5: Particulate matter with an aerodynamic diameter less than 2.5 μm

PM 10: Particulate matter with an aerodynamic diameter less than 10 μm

SO_2: Sulfur dioxide

SO_X: Sulfur oxides

TPM: Total particulate matters with an aerodynamic diameter less than 100 μm

VOC_S: Volatile organic compounds

Resumo:

Atualmente, a China enfrenta um desafio de desenvolvimento sustentável. O agravamento da qualidade do ar e o aumento dos dias de neblina em Pequim e em muitas outras cidades chinesas têm exercido sérios impactos na saúde e um impacto económico. O controlo da poluição e a redução das emissões tornaram-se uma questão urgente que os governos chineses têm de resolver. Por conseguinte, nos últimos anos, foram publicadas e aplicadas na China leis e regulamentos ambientais mais rigorosos e planos de ação para um ar mais limpo. Em meados do século passado, os países desenvolvidos registaram um desenvolvimento industrial semelhante, acompanhado de problemas de poluição atmosférica. A legislação ambiental contra ajudou muitos países desenvolvidos a resolver o problema da poluição e a alcançar uma tendência EKC positiva - melhorias da qualidade do ar juntamente com um crescimento económico contínuo. A tese tenta estudar as lições e experiências anteriores sobre a redução da poluição de alguns países desenvolvidos e descobrir que lições a China pode tirar deles sobre o controlo da poluição e a mudança para um desenvolvimento sustentável. A tese adopta um método de estudo multi-científico que inclui estudos de casos, análises económicas, tecnológicas, jurídicas e institucionais. Os casos de redução da poluição são dos EUA e do Reino Unido, porque, historicamente, os graves episódios de smog atmosférico devidos à industrialização ocorreram em muitas cidades dos dois países, à semelhança do que está a acontecer atualmente na China. Os estudos de caso comparam o problema da poluição em Pequim, Los Angeles e Londres, e centram-se na forma como as leis ambientais funcionam para a redução das emissões. Os resultados do estudo mostram que a fase económica atual na China está próxima do ponto de viragem do EKC e encontra-se numa fase semelhante às fases históricas de tratamento da poluição durante meados do século passado nos EUA e no Reino Unido. No entanto, a tendência positiva do EKC não surge inevitavelmente sem uma forte legislação ambiental, desenvolvimento tecnológico e transformação da sustentabilidade das instituições económico-sociais. A implicação para a China é que a atual legislação de controlo da poluição e a sua aplicação na China no momento crucial decidirão muito provavelmente a futura situação ambiental, económica e social do país. Uma legislação ambiental pouco rigorosa pode causar indulgência ambiental, ao passo que a aplicação de leis e normas ambientais científicas pode contribuir eficazmente para a redução das emissões e, ao mesmo tempo, para o reforço da tecnologia e do desenvolvimento económico. Além disso, as competências dos países desenvolvidos em matéria de legislação com base científica constituem uma boa lição para a China sobre a forma de elaborar as leis e normas.

Palavras-chave: Desenvolvimento sustentável, redução da poluição atmosférica, comparação entre Pequim, Los Angeles e Londres, direito do ambiente, curva de Kuznets ambiental, dependência da trajetória

Resumo:

Nas últimas três décadas, a rápida industrialização na China produziu um grande desenvolvimento social e económico, mas causou graves problemas ambientais. A poluição atmosférica é cada vez mais prejudicial para o crescimento económico a longo prazo e perigosa para a saúde pública. Para resolver o problema, a China adoptou leis e regulamentos ambientais rigorosos e tomou muitas medidas. O mesmo problema de poluição atmosférica já tinha acontecido em países desenvolvidos. E as leis ambientais costumavam funcionar para o resolver. Por conseguinte, a tese procura estudar e retirar ensinamentos dos casos de controlo da poluição atmosférica ocorridos nos países desenvolvidos no século passado e fornecer experiências úteis para a China reduzir a poluição.

A tese centra-se no estudo e na comparação do smog fotoquímico do ar de Los Angeles na década de 1940 e do smog da combustão de carvão de Londres na década de 1950 com o dia de neblina de Pequim. A emissão de veículos e a refinaria de petróleo estiveram na origem do smog fotoquímico em Los Angeles. A grande dependência da combustão de carvão em Londres provocou o smog mortífero em 1952 em Londres. Mas agora, tanto em Los Angeles como em Londres e em muitas outras cidades dos dois países, o smog atmosférico severo deixou de existir. Atualmente, as emissões dos veículos e os poluentes da combustão do carvão são as principais fontes dos dias de nevoeiro em Pequim. Pequim precisa de reduzir as emissões dos veículos e da combustão do carvão. Aprender com os bons exemplos anteriores pode proporcionar experiências e implicações úteis para Pequim e para a China.

Foram muitos os factores que contribuíram para a melhoria da qualidade do ar que acompanhou o crescimento económico. Uma das medidas mais importantes para reduzir a poluição foi a legislação ambiental. Através do estudo dos métodos legislativos nos EUA e no Reino Unido em matéria de controlo da poluição, pode concluir-se que a legislação e as normas de base científica reduziram eficazmente a poluição. Além disso, a legislação ambiental e a sua aplicação promoveram o desenvolvimento da tecnologia e da economia verdes e a mudança institucional sustentável nos EUA e no Reino Unido. A China está a tentar legislar contra a poluição, mas há muitos métodos de controlo da poluição dos países desenvolvidos que a China pode utilizar.

Palavras-chave: Desenvolvimento sustentável, redução da poluição atmosférica, direito do ambiente, comparação entre Pequim, Los Angeles e Londres, aprendizagem pela experiência

1. Introdução

Ao entrar no século 21st , os problemas ambientais estavam a tornar-se cada vez mais graves na China. Em especial, a poluição atmosférica causa graves impactos na saúde e perdas económicas na agricultura e nos materiais devido à elevada concentração de poluentes tóxicos no ar. Com base num estudo da Organização para a Cooperação e Desenvolvimento Económico (OCDE), o custo económico da poluição atmosférica para a sociedade na China foi estimado em 1,4 triliões de dólares no ano de 2010 (PNUA, 2014). Este é um aviso claro para a China de que o rápido crescimento económico à custa do custo ambiental não pode contribuir para uma prosperidade económica sustentável a longo prazo. Ao mesmo tempo, o público queixa-se muito da má qualidade do ar. Pressionado pelas perdas económicas e pela pressão do público, o governo central publicou uma nova e mais rigorosa "Lei de Proteção Ambiental" em 2014 e um projeto de alteração da "Lei de Prevenção e Controlo da Poluição Atmosférica" em 2015. De igual modo, os novos planos nacionais de controlo da poluição atmosférica foram elaborados para exigir que os governos locais apliquem as leis e tomem medidas para resolver os problemas de poluição.

Pequim, a capital da China, é também uma das cidades com maior problema de smog atmosférico em todo o país. Entre 2012 e 2014, Pequim esteve coberta de smog durante quase metade do ano. Os dias de nevoeiro tornaram-se um problema urgente que tem de ser resolvido pelo governo. Nestes anos, em particular, o governo de Pequim adoptou regulamentos rigorosos de controlo da poluição e elaborou o "Plano de Ação para o Ar Limpo de Pequim 2011-2015" (Rede Pública de Proteção Ambiental de Pequim, 2011-2012) e o "Plano de Ação para o Ar Limpo de Pequim 2013-2017" (Governo de Pequim, 2013). Tanto o governo central como o governo municipal de Pequim mostraram a sua determinação em abordar a questão e tentaram utilizar a legislação ambiental para reduzir a poluição. Mas não é sem dificuldades. O rápido crescimento económico e a industrialização em Pequim, bem como em toda a China, são impulsionados pelo elevado consumo de energia, especialmente carvão e petróleo, cujas emissões de combustão causam os dias de neblina. Juntamente com a melhoria dos padrões de vida, os estilos de vida das pessoas tornam-se cada vez mais dependentes do fornecimento de energia, como a utilização de veículos particulares e a elevada procura de eletricidade e de aquecimento no inverno. Uma das formas importantes de resolver o problema do smog atmosférico exige a redução das emissões de carvão e de petróleo, o que pode resultar numa diminuição da utilização do carvão ou mesmo do petróleo.

Por conseguinte, não há dúvidas de que o controlo da poluição não seria incompatível com o crescimento económico.

Tomando a poluição atmosférica de Pequim como exemplo, a principal causa dos dias de neblina em Pequim são os elevados níveis de poluentes provenientes das emissões dos veículos, da combustão do carvão, das indústrias, do pó da cidade, bem como os poluentes transfronteiriços das cidades vizinhas de Hebei e Tianjing. As emissões dos veículos e os poluentes da queima de carvão das indústrias são responsáveis pela maior parte dos poluentes que causam os dias de neblina. De acordo com as leis e regulamentos ambientais mais rigorosos, as fábricas altamente poluidoras seriam sujeitas a multas pesadas, ou mesmo seriam impedidas de funcionar ou encerradas, a fim de reduzir a poluição. Os direitos de utilização e de aquisição de veículos automóveis particulares são igualmente regulamentados e restringidos, a fim de reduzir as emissões e a poluição. Um dos delegados do Congresso Nacional do Povo argumenta que isto pode afetar o desenvolvimento das indústrias automóvel e siderúrgica e até as necessidades públicas (Zhu & Zhang, 2015).

O dilema desenvolvimento-ambiente é um grande desafio não só para a China e outros países em desenvolvimento, mas também para os países desenvolvidos, especialmente quando a revolução da industrialização levou a uma rápida expansão e a um aumento da poluição ambiental no século passado. Mas a redução da poluição não impediu definitivamente o crescimento económico nos países desenvolvidos. Os dados históricos indicam que a qualidade do ar melhorou e a economia cresceu continuamente. A teoria da Curva de Kuznets Ambiental (EKC) e as experiências de controlo da poluição dos países desenvolvidos provaram que o ambiente e o desenvolvimento podem andar de mãos dadas. Alguns países ocidentais, como os EUA e o Reino Unido, beneficiaram do tratamento anterior da poluição e mantiveram um ambiente desejável e a sustentabilidade económica e social. Por conseguinte, **o objetivo da tese** é estudar a atual fase de desenvolvimento económico da China e a possibilidade de mudança para um desenvolvimento sustentável e analisar o que contribuiria para o desenvolvimento económico e ambiental ao mesmo tempo, através de um estudo das experiências dos países desenvolvidos. A tese centrar-se-á na análise dos efeitos da legislação ambiental na redução das emissões, na promoção do desenvolvimento económico e tecnológico e na transformação da mudança institucional no sentido da sustentabilidade, e no estudo das implicações para o controlo da poluição atmosférica em Pequim, na China, através do estudo de casos. **A primeira questão da tese** tentará responder:

em termos económicos, a China atingiu ou aproximou-se do ponto de viragem do EKC com base na comparação de dados históricos com os EUA e o Reino Unido e na teoria do EKC.

Historicamente, problemas semelhantes de poluição atmosférica já tinham incomodado as pessoas e os governos dos países desenvolvidos. O elevado consumo de energia e a elevada poluição foram os problemas que acompanharam os actuais países desenvolvidos durante o seu período de industrialização. Por exemplo, Los Angeles e Londres também sofreram graves problemas de poluição atmosférica que causaram elevada morbilidade e mortalidade durante as décadas de 1940 e 1950. Comparando Pequim de hoje com Los Angeles e Londres dessa altura, as três cidades têm uma elevada densidade populacional e um elevado consumo de energia. O smog atmosférico de Los Angeles era causado principalmente pelas emissões dos veículos, ao passo que o de Londres era provocado pela abundância de carvão queimado por edifícios residenciais e indústrias. Os dois tipos de fontes de emissão são o que conduzem atualmente aos dias de nevoeiro em Pequim. É interessante notar que a caraterística geológica de Los Angeles é adversa à difusão de contaminantes, o que é bastante semelhante às caraterísticas da localização de Pequim. A situação de ter indústrias que dependiam fortemente do consumo de carvão em Londres na década de 1950 era uma representação do caso atual em Pequim e na China.

Política e estrategicamente, ambos os países industrializados implementaram as leis de controlo da poluição atmosférica - os "Clean Air Acts", que desempenharam um papel importante na redução da poluição. Los Angeles e o estado da Califórnia, com base nas leis nacionais e nas suas próprias condições, elaboraram planos estratégicos para reduzir as emissões dos veículos. Londres, seguindo os "Clean Air Acts", iniciou o processo de redução gradual das emissões de carvão. A China adopta uma forma semelhante de legislar contra a poluição. A legislação nacional e os planos locais de controlo da poluição atmosférica, que a China e Pequim formularam, continuarão a tomar medidas para reduzir a poluição.

O controlo da poluição atmosférica em Pequim tem muitas semelhanças com o de Los Angeles e o de Londres no que diz respeito à causa e ao efeito do smog atmosférico, ao contexto e às condições económicas, à estrutura industrial e energética, aos métodos de resolução da poluição, etc. Além disso, os dados económicos históricos mostraram que o controlo da poluição atmosférica não impediu o crescimento económico nos EUA e no Reino Unido, bem como em Los Angeles e Londres. Por conseguinte, o estudo dos casos históricos de Los Angeles e Londres pode proporcionar experiências e implicações valiosas para que

Pequim e a China reduzam as suas emissões e se mantenham sustentáveis. **O segundo tema da tese** é a tentativa de analisar e comparar os três casos de controlo da poluição atmosférica em Pequim, Los Angeles e Londres. O estudo de caso de Pequim analisará os obstáculos que dificultam o controlo da poluição atmosférica, principalmente do ponto de vista económico e jurídico. Já o estudo dos casos de Los Angeles e Londres permitirá descobrir como é que as leis e as medidas reduzem eficazmente a poluição e também melhoram o desenvolvimento.

Pequim e a China estão a enfrentar a difícil questão do controlo da poluição atmosférica. As experiências anteriores de resolução do mesmo problema nos países desenvolvidos são casos valiosos a estudar por Pequim e pela China. Em especial, a China também tenta utilizar a forte legislação ambiental para travar a poluição. As leis e os regulamentos costumavam ser as principais estratégias e medidas adoptadas nos países desenvolvidos para melhorar a qualidade do ar e transformar a instituição para implementar um desenvolvimento verde e sustentável. Como funcionou a legislação ambiental para reduzir as emissões e ajudar a resolver ou equilibrar o dilema do ambiente e do desenvolvimento? Quais são as lições que Pequim e a China podem retirar da experiência anterior? Esta é **a terceira questão** que será debatida na tese.

2. Teorias e método

2.1 Teorias

2.1.1 Curva de Kuznets ambiental

A Curva de Kuznets Ambiental (CKA) apresenta-se como uma curva em forma de U invertido e ilustra uma relação hipotética entre a degradação ambiental e o crescimento económico. As fases iniciais do crescimento económico são frequentemente acompanhadas por uma deterioração ambiental crescente. Mas quando o desenvolvimento ultrapassa um certo nível de rendimento per capita, a tendência adversa inverte-se. A melhoria do ambiente pode ocorrer em paralelo com o crescimento económico (Stern, 2004).

O crescimento económico acompanhado de uma tendência para a degradação/melhoria ambiental foi comprovado pela Curva de Kuznets Ambiental (CKA) nas histórias de desenvolvimento de muitos países, especialmente no caso do tratamento da poluição atmosférica. Muitos estudos empíricos mostraram a existência de uma EKC para a diminuição de poluentes, como o dióxido de enxofre, o óxido de azoto e as partículas em suspensão (Aslanidis, 2009). Os contributos para a redução das emissões são, por exemplo, os efeitos da legislação ambiental, as alterações estruturais dos países, as flutuações dos preços da energia devido à crise petrolífera e outros factores. No entanto, as críticas à EKC argumentam que a EKC não se adequa a todos os casos ambientais ou mesmo não se adequa a todos os casos de redução de enxofre. Tanto nos países desenvolvidos como nos países em desenvolvimento, verificaram-se relações em forma de U invertido entre algumas concentrações ambientais de poluentes e o crescimento do rendimento per capita; mas não se pode afirmar que a EKC seja uma tendência definitiva para a redução das emissões (Stern, 1998) (Stern, 2004). Embora tenha havido casos de sucesso que seguiram a tendência do EKC, alguns estudos apontam para o facto de ser incerto que cada país siga as trajectórias estimadas do EKC (He J. , 2007).

No entanto, vale a pena aprender com os bons exemplos para escolher o caminho certo e evitar o errado. A tese analisará o ponto de viragem do EKC no Reino Unido e nos EUA para a atenuação da poluição atmosférica e, posteriormente, o crescimento económico. Através da comparação do PIB per capita anterior nos EUA/Reino Unido e do ponto de viragem do EKC com a situação económica da China, a tese responderá à fase de desenvolvimento em que a China se encontra atualmente e analisará o que contribuiria para a tendência de crescimento económico e de melhoria ambiental em simultâneo após o ponto de viragem do EKC.

2.1.2 Mudanças institucionais e dependência da trajetória

A instituição é uma estrutura social na qual o ser humano interage e se motiva a fazer escolhas que moldam gradualmente o desempenho das sociedades e da economia ao longo do tempo (North, 1994). A instituição afecta a economia através das regras e da aplicação das regras que determinam os custos de transação e de transformação (também determinados pela tecnologia) (ibid). Ao mesmo tempo, a escala económica, as complementaridades e a externalidade da matriz institucional também tornam a mudança institucional incremental e dependente da trajetória (ibid). As instituições estão sempre a mudar, enquanto a direção da mudança é determinada pela dependência da trajetória (ibid). A dependência da trajetória significa um processo dinâmico cuja evolução é regida ou é portadora da sua própria história (David, 2000). Isto significa que a instituição e as circunstâncias actuais são altamente afectadas pelas condições iniciais, pelos acontecimentos históricos e pelas decisões anteriores, ao passo que a instituição futura estaria dependente das decisões tomadas na história e no presente. A dependência da trajetória existe numa grande variedade de fenómenos sociais, como nas instituições, na economia, na governação, na tecnologia e nas escolhas empresariais (Vergne & Durand, 2010).

A dependência do caminho funciona em mudanças sociais dinâmicas das interações sociais entre agentes económicos ou políticos, que se caracterizam por um feedback positivo e por uma dinâmica de auto-reforço (David, 2006). A mudança institucional dinâmica pode produzir um círculo virtuoso na sociedade. Por exemplo, quando a sociedade se apercebe de desvantagens económicas ou outras resultantes de acções passadas, os actores com interesses próprios podem tentar encontrar soluções satisfatórias, como a tecnologia eficiente, a legislação reformada e a nova estrutura organizacional (ibid). No entanto, a instituição também mostra estabilidade e inércia ao preferir a instituição existente, o que pode resultar no surgimento e persistência de equilíbrios ineficientes na sociedade e na economia (Kinston & Caballero, 2008). Por exemplo, uma estrutura institucional que costumava ser óptima pode tornar-se sub-óptima numa situação de mudança, enquanto que, sem mudanças adequadas, a economia pode ficar presa ao antigo equilíbrio inferior (ibid). O smog atmosférico que se verificou nos países desenvolvidos no século passado e que a China atual apresenta como um sistema de poluição elevada. Embora a anterior estrutura energética, como a dependente do carvão, tenha contribuído para o rápido progresso da industrialização e o crescimento económico, já não se adequa ao atual modo social caracterizado por baixas emissões e elevada produtividade.

As regras, incluindo as regras formais e as regras informais, desempenham um papel importante na mudança institucional. As regras formais são a legislação, as decisões judiciais, os regulamentos, etc., enquanto as informais são as normas, as convenções, os códigos de conduta auto-impostos, etc. (North, 1994). A alteração das regras pode conduzir a uma mudança institucional incremental (ibid). Como já foi referido, a mudança institucional pode resultar num círculo virtuoso ou num lock-in adverso. A tese analisará os efeitos das leis de controlo da poluição atmosférica em vigor nos EUA e no Reino Unido para reduzir a poluição, o que ajuda os países a sair do bloqueio e conduz a um crescimento económico verde. Pequim e a China estão a tentar legislar contra a poluição atmosférica e a deterioração ambiental. Aprender com as experiências dos países desenvolvidos do passado pode ter implicações valiosas para a China saber como utilizar a legislação para melhorar a qualidade do ar, acabar com os sistemas de poluição elevada e criar círculos institucionais e económicos virtuosos.

2.2 Método

O desenvolvimento sustentável está relacionado com o desenvolvimento económico, ambiental e social, que estão interligados e interagem entre si. A China está a enfrentar o desafio do desenvolvimento sustentável nos seus três aspectos. O crescimento económico à custa de uma grave deterioração ambiental não é sustentável. No entanto, também não é desejável resolver o problema da poluição não utilizando os recursos ou provocando uma recessão económica. Uma boa maneira é conseguir a melhoria ambiental e económica ao mesmo tempo, o que é possível e foi provado pelos controlos de poluição de alguns países desenvolvidos e pelo EKC. Por conseguinte, o principal objetivo da tese é saber o que Pequim e a China podem aprender com as experiências passadas de controlo da poluição dos países desenvolvidos para melhorar a qualidade do ar e resolver, em certa medida, o dilema do ambiente e do desenvolvimento. Por conseguinte, a tese utiliza um método multi-científico para estudar a questão, que inclui a análise e discussão histórica, económica, ambiental, tecnológica e institucional.

Dado que a capacidade económica de um país é muito importante para resolver o problema da poluição, a tese estuda, em primeiro lugar, a relação de mudança ambiental-económica com base em dados económicos históricos e no ponto de viragem EKC. A tese tenta fazer uma comparação da fase económica durante o período de poluição e o período de controlo entre os EUA, o Reino Unido e a China com base em dados históricos e actuais de crescimento económico nacional. Trata-se de uma comparação multinacional e interanual. A tese utiliza dados deflacionados do PIB per capita para comparar as diferentes fases económicas do relatório Maddison, que é o único dado económico mundial disponível a longo prazo e se baseia em estudos de académicos profissionais de economia[1] . A comparação mostra que: (1) em primeiro lugar, uma tendência geral de crescimento económico através da industrialização seguida de uma deterioração ambiental; (2) e depois, gradualmente, as medidas de controlo da poluição contribuíram para a melhoria do ambiente e para o crescimento económico nos EUA e no Reino Unido. Comparando a atual fase económica e a poluição ambiental da China com a dos dois países, verifica-se que a China seguiu a mesma tendência de crescimento económico com uma deterioração ambiental, e que a sua fase económica se situa em fases semelhantes às dos países desenvolvidos, quando estes começaram a controlar a poluição e obtiveram melhorias no passado.

Além disso, com base nos estudos empíricos da EKC e no ponto de viragem da EKC, a poluição atmosférica de muitos países melhorou, mantendo o crescimento económico após um determinado ponto de rendimento per capita. O EKC e os casos de países do passado provam que estes países tinham certas capacidades económicas para controlar a poluição neste ponto de viragem. A tese tenta recolher os dados actuais do rendimento per capita chinês para comparar com o ponto de viragem histórico do EKC, a fim de verificar se a situação económica da China atingiu o ponto de viragem e se o ambiente melhorou na China nesse momento. Através do estudo das experiências anteriores de controlo da poluição dos países desenvolvidos, a tese tenta analisar de que forma poderá contribuir para que a tendência positiva do EKC se verifique na China.

A tese restringe os estudos aos casos de controlo da poluição atmosférica de Pequim, Los Angeles e Londres para comparação e análise, porque existem muitas semelhanças entre as três cidades no que diz respeito à densidade populacional, às causas e efeitos do smog

1 O projeto Maddison foi iniciado por Angus Maddison, que era um académico de renome mundial em história macroeconómica quantitativa, incluindo a medição e análise do crescimento económico e do desenvolvimento (Projeto Maddison, 2013). O presente projeto contou com a sua contribuição e a dos seus colegas de profissão. A partir da última base de dados do projeto Maddison, publicada em 2013, podem ser encontradas as novas estimativas do crescimento económico mundial entre 1 d.C. e 2010. O relatório inclui quase todos os países do mundo e utiliza uma medida deflacionada. Por conseguinte, a tese escolhe os dados históricos dos EUA, do Reino Unido e da China entre 1940 e 2010 para efetuar a comparação. Outra comparação económica de países do mundo semelhante é feita pelo Banco Mundial. No entanto, os dados históricos do Banco Mundial só podem ser obtidos até à década de 1980. Por conseguinte, a tese utiliza os dados de longo prazo do projeto Maddison.

atmosférico e à situação geológica e meteorológica. Além disso, a legislação e a regulamentação ambiental foram as medidas eficazes que os EUA e o Reino Unido adoptaram para controlar a poluição e são também as que a China pretende utilizar atualmente para resolver o problema. Em primeiro lugar, o estudo de caso da poluição atmosférica de Pequim prova a correlação entre a poluição atmosférica e o rápido crescimento económico baseado na poluição em Pequim, através de dados relativos ao crescimento económico, à expansão da população, ao aumento do número de veículos, ao consumo de energia e aos dias de neblina. Estas comparações são efectuadas através de figuras e quadros. Os dados são recolhidos do Gabinete de Estatística Municipal de Pequim, do Gabinete Nacional de Estatística e do Gabinete Municipal de Meteorologia de Pequim, porque normalmente só os departamentos oficiais de estatística do país têm a capacidade de aceder a detalhes e possuem registos de longa duração. Existem dados relativos medidos por outros países ou organizações, mas podem não ser suficientemente abrangentes. Por exemplo, a embaixada dos EUA em Pequim também monitoriza as partículas que causam o smog, mas apenas com base nos dados de um local no distrito de Chaoyang. Os dados do Gabinete Municipal de Meteorologia de Pequim abrangem toda a área de Pequim, com 20 locais de monitorização em diferentes distritos e condados. Por conseguinte, a tese utiliza maioritariamente os dados oficiais chineses. No que se refere ao estudo de caso de Pequim, a tese centra-se na análise e discussão dos obstáculos que causaram os dias de neblina e dificultaram o controlo da poluição do ponto de vista jurídico.

Os estudos de caso de Los Angeles e Londres baseiam-se basicamente nos resultados de estudos académicos anteriores para provar que o smog de Los Angeles foi causado pela combustão de veículos e de emissões de petróleo, enquanto o smog de Londres foi causado pela combustão de carvão. A tese utiliza os dados históricos económicos e de qualidade do ar para provar o controlo da poluição, a melhoria da qualidade do ar e o crescimento económico contínuo. Estes dados foram obtidos nos sítios Web dos governos das cidades e dos países. Os estudos de caso de Los Angeles e Londres centram-se na análise das leis ambientais utilizadas nos países e cidades para resolver o problema da poluição e promover o desenvolvimento tecnológico e económico a partir dos acontecimentos históricos e das perspectivas de progresso. No estudo de caso de Los Angeles, analisa-se principalmente as leis e normas ambientais que promovem a investigação científica e tecnológica sobre a redução das emissões dos veículos e contribuem para o desenvolvimento económico. No caso de Londres, estuda os efeitos das "Leis do Ar Limpo" para reduzir os poluentes da combustão do carvão e reforçar a utilização de energia limpa e a mudança estrutural económica.

A partir dos três estudos de caso, podemos constatar a fragilidade das anteriores leis ambientais adoptadas na China e a forma como as leis ambientais funcionaram nos EUA e no Reino Unido para reduzir a poluição e obter crescimento económico. No entanto, ao estudar a cronologia do surgimento e da melhoria da poluição nos EUA e no Reino Unido, verifica-se que o processo de melhoria levou muito tempo. Os obstáculos à redução dos poluentes também existiam nos países desenvolvidos e podiam ser colocados pelas indústrias, pelas empresas, pelo governo e pelo público. A tese utiliza a teoria da dependência da trajetória na mudança institucional para elaborar as razões e os resultados, bem como as dificuldades nas mudanças que se verificaram tanto nos países desenvolvidos como nos países em desenvolvimento. No entanto, a dependência da trajetória pode levar ao bloqueio do sistema de poluição, mas também pode criar um círculo sustentável positivo. A tese centra-se no que se pode aprender com a experiência de poluição dos países desenvolvidos e os efeitos de promoção da legislação ambiental. Nas partes relativas às implicações, a tese tenta discutir esta questão através da análise dos resultados históricos fornecidos pelos países desenvolvidos e do que a China pode aprender com isso.

2.3 Limitações

A tese escolhe os dados que são recolhidos e analisados por autoridades oficiais e académicos profissionais de economia, pelo que os dados devem refletir, pelo menos parcialmente, a situação real no passado e no presente e podem ser fiáveis. No entanto, os dados podem não ser 100% exactos e fiáveis. Especialmente no caso dos dados históricos, os métodos de medição do passado e as técnicas de obtenção e cálculo dos dados não seriam tão exactos e científicos como atualmente. Para comparar os dados históricos com os actuais, os estudiosos de Maddison adoptam alguns métodos para deflacionar a mudança económica ao longo do tempo. Mas os dados estimados podem não ser concordados ou confirmados por alguns académicos. Por conseguinte, os resultados do estudo da tese com base nos dados podem ser discutíveis.

As comparações económicas entre a China, o Reino Unido e os EUA são uma comparação entre anos, o relatório Maddison fornece o PIB per capita histórico que é um crescimento reestimado com uma medida deflacionada do passado até ao presente. Os contextos económicos históricos do Reino Unido e dos EUA são também diferentes do atual e do atual na China. Por conseguinte, a comparação incide sobre as tendências económicas globais e as fases gerais de desenvolvimento entre os países. Devido à limitação dos dados e à comparação entre anos e entre países diferentes, a comparação pode não ser 100% exacta, embora a tese tenha tentado encontrar os indicadores e números económicos mais fiáveis e tornar a comparação viável.

As analogias da poluição atmosférica entre as três cidades - Pequim, Los Angeles e Londres - têm naturalmente diferenças geológicas, meteorológicas e históricas. Embora com muitas semelhanças, as condições naturais, meteorológicas, económicas e de fundo não podem ser as mesmas. Por conseguinte, a comparação das causas e efeitos do smog atmosférico não seria exatamente a mesma. Em vez de uma comparação exaustiva, a tese centra-se na redução das emissões dos veículos em Los Angeles e na diminuição do fumo de carvão em Londres, o que pode fornecer implicações valiosas para Pequim reduzir os dois tipos de emissões. Este facto é também mencionado nas partes do estudo de caso.

A limitação dos dados constitui um obstáculo para que a tese possa efetuar comparações exactas e exaustivas entre as três cidades. Não foi possível obter dados históricos específicos sobre o crescimento do PIB de Los Angeles. Porque Los Angeles é uma cidade que desempenha um papel económico importante no Estado da Califórnia e, nessa altura, a Califórnia também enfrenta um grave problema de poluição atmosférica. O estudo de caso de Los Angeles inclui também os dados da Califórnia, as medidas de controlo da poluição e a situação económica. Quanto a Londres, a tese não consegue obter dados históricos específicos sobre o crescimento do PIB de Londres. Por conseguinte, o crescimento económico, durante o período de controlo da poluição e o período de melhoria da qualidade do ar, baseia-se no crescimento económico do Reino Unido. Porque, de um modo geral, a taxa de crescimento do PIB de Londres tem sido superior à do Reino Unido.

3. Análise Económica da China no âmbito do EKC

3.1 Fase atual de desenvolvimento na China

De acordo com a base de dados do Projeto Maddison (2013), o PIB per capita da China era de apenas 448 dólares em 1950 e a taxa média de crescimento do PIB per capita foi de apenas 3% entre 1950 e 1980 (Fig. 1). O período de rápido desenvolvimento da China começou no início da década de 1980, orientado pela "política de reforma e abertura" iniciada em 1979. A partir de 1980, embora com uma base de referência baixa (cerca de 1 110 dólares), a taxa média de crescimento do PIB per capita foi relativamente elevada, de 7%. A China beneficiou do rápido crescimento económico e conseguiu reduzir a pobreza, construir infra-estruturas e melhorar o nível de vida. Entre 1981 e 2010, a China retirou 680 milhões de pessoas da pobreza extrema (menos de 1,25 dólares por dia), sendo o país mais bem sucedido na redução da pobreza em todo o mundo. A velocidade de crescimento económico aumentou ainda mais na China ao entrar no novo século. O PIB da China foi de 9 240 270 milhões de dólares em 2013, ocupando o segundo lugar a seguir aos 16 768 100 milhões de dólares dos EUA em todo o mundo (Banco Mundial, 2014).

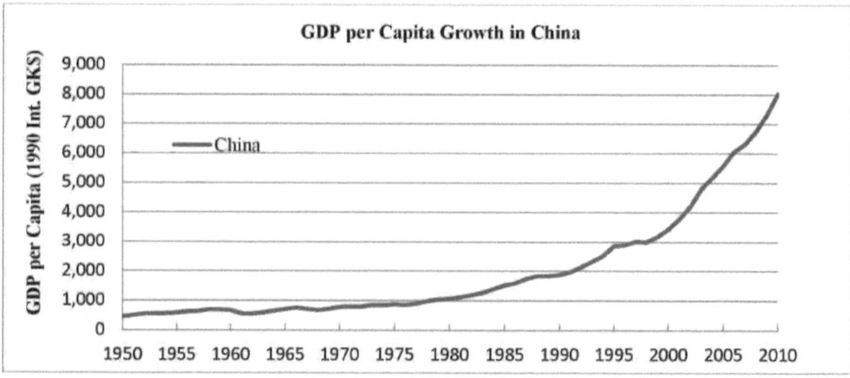

Fig. 1. Crescimento do PIB por capital na China de 1950 a 2010

Fonte: Projeto Maddison. 2013. Nova base de dados do Projeto Maddison (Projeto Maddison, 2013).

No entanto, com a maior população do mundo (1.360 milhões), o rendimento nacional bruto per capita da China foi de apenas 6.560 dólares em 2013, ocupando o 109.º lugar entre 214 economias do Atlas do Banco Mundial (Banco Mundial, 2015). Mais do que o valor do PIB, o indicador do rendimento per capita pode refletir verdadeiramente a fase de desenvolvimento real e a situação socioeconómica de um país. De acordo com o nível dos países de rendimento médio superior do Banco Mundial, 7 598 dólares, a China pode quase ser considerada um país de rendimento médio no ano de 2013. Mas o atual bem-estar social na China ainda está aquém do rendimento nacional médio mundial per capita de 10 679 dólares, e longe dos 39 820 dólares dos países de rendimento médio elevado (ibid). Em 2012, ainda 10% da população (cerca de 136 milhões) vivia na miséria na China (The Economist, 2013). A China comprometeu-se a continuar a reduzir a pobreza e a aumentar o nível de vida. Por conseguinte, o crescimento económico continuará a ser um dos principais objectivos da China no futuro.

Mas, a par do rápido desenvolvimento, a China registou uma degradação ambiental contínua. A má situação tornou-se mais evidente nos últimos anos. Uma das mais graves é a poluição atmosférica. O agravamento da degradação ambiental adverte a China de que a prossecução do crescimento económico à custa da deterioração ambiental pode não ser o caminho certo. Com base no relatório de 2012 do Banco Asiático de Desenvolvimento, mais de 99% das 500 maiores cidades da China não conseguem cumprir as normas de qualidade do ar da OMS (Xu, 2014). A OCDE estima que o custo económico da poluição atmosférica para a sociedade chinesa foi de 1,4 biliões de dólares em 2010 (UNEP, 2014). O dia de neblina e o smog do ar afectaram gravemente a vida quotidiana das pessoas e tornaram-se uma questão de extrema preocupação para os chineses (Wong, 2013) (Zhang, 2013).

As lições do passado e do presente ensinaram à China que o país não pode alcançar um desenvolvimento a longo prazo à custa de uma deterioração ambiental contínua. Além disso, o tratamento posterior da poluição tem custos elevados e compromete mesmo a capacidade de crescimento do PIB. Por conseguinte, a China tem uma forte vontade de se orientar para o desenvolvimento sustentável, mas continua a enfrentar o grande dilema entre desenvolvimento e ambiente. A questão mais preocupante é se a governação ambiental afectará o crescimento económico (Economy, 2003).

3.2 Comparação da fase económica dos episódios de poluição

thOlhando para trás na história, durante o processo de industrialização dos países desenvolvidos, a poluição industrial tornou-se grave em meados do século XX e atraiu uma grande preocupação pública e governamental devido a alguns acidentes chocantes de poluição atmosférica, tais como o "smog de mau ar em Los Angeles na década de 1940" e o "smog mortífero em Londres em 1952". Estes acidentes levaram os países a adotar várias medidas para combater a poluição atmosférica desde a década de 1950.

Através da comparação dos dados históricos (Tab. 1), é interessante notar que, entre 2010 e 2011, o PIB per capita da China atingiu mais de 8 000 dólares, o que equivale ao nível registado nos EUA por volta de 1947[2] e no Reino Unido por volta de 1957. Os períodos de tempo entre 1947 e 1956 foram exatamente quando o smog atmosférico intenso surgiu nas grandes cidades dos dois países desenvolvidos. Na China, a poluição atmosférica começou a exercer graves impactos na saúde e a questão começou a suscitar uma grande preocupação pública também a partir de 2010 e 2011. A China, os EUA e o Reino Unido são três países diferentes em períodos de tempo diferentes, mas os episódios de poluição ocorreram num momento económico semelhante, quando o PIB per capita atingiu o nível de 8000 dólares. Não se trata apenas de uma coincidência temporal e de questões de poluição. Isto pode ser parcialmente explicado pelo facto de, quando a economia nacional se desenvolve até esta fase, poder causar poluição atmosférica devido à industrialização alimentada por energias altamente poluentes em alguns países.

China (1999-2013)	1999	2000	2001	2002	2003	2004	2005	2006	2007	2008	2009	2010	2011	2012	2013
	3,162	3,421	3,759	4,197	4,803	5,169	5,575	6,048	6,303	6,725	7,308	8,032	8,739	9,359	10,024
US (1940-1954)	1940	1941	1942	1943	1944	1945	1946	1947	1948	1949	1950	1951	1952	1953	1954
	7,010	8,206	9,741	11,518	12,333	11,709	9,197	8,886	9,065	8,944	9,561	10,116	10,316	10,613	10,359
UK (1950-1964)	1950	1951	1952	1953	1954	1955	1956	1957	1958	1959	1960	1961	1962	1963	1964
	6,939	7,123	7,091	7,346	7,619	7,868	7,929	8,017	7,966	8,240	8,645	8,857	8,865	9,149	9,568

Tab. 1. Comparação interanual do PIB per capita entre a China, os EUA e o Reino Unido (1990 Int. GK$) Fonte: Projeto Maddison. 2013. Nova base de dados do Projeto Maddison.

Devido ao seu rápido crescimento, o PIB per capita da China atingiu 10 024 dólares em 2013, contra 8 000 dólares em 2010, o que demorou apenas quatro anos. Historicamente, os EUA demoraram oito anos a atingir o mesmo nível, por volta de 1954, e o Reino Unido gastou cerca de dez anos para o atingir em meados da década de 1960. Comparando com a história dos primeiros países desenvolvidos, a China selecionou o mesmo processo de industrialização, mas optando por uma taxa de crescimento mais rápida com técnicas tradicionais de poluição intensiva devido ao facto de ter começado num nível baixo. Por conseguinte, não é de surpreender que a China tenha encontrado problemas ambientais na fase atual. A comparação dos dados também indica que a atual fase de desenvolvimento da China é semelhante à dos países desenvolvidos na década de 1950-1960. Nessa altura, os

2 O PIB per capita dos EUA atingiu inicialmente 8000 dólares em 1941, tendo depois aumentado rapidamente. Mas este período de aumento deveu-se à produção bélica durante a Segunda Guerra Mundial. Depois disso, desceu para 8886 dólares em 1947, altura em que a produção normal criou o PIB per capita.

países desenvolvidos tinham tentado aplicar uma série de medidas de controlo da poluição atmosférica. Por conseguinte, para a China, optar por resolver o problema da poluição nesta fase poderá ser economicamente viável.

3.3 Comparação da fase económica do ponto de viragem do EKC

Do ponto de vista da teoria da EKC, a China deve considerar a mudança para a sustentabilidade com base em alguns pontos de viragem da EKC sobre a poluição atmosférica. E o resultado da mudança não afectaria definitivamente o crescimento económico com base nas experiências de controlo da poluição dos países em desenvolvimento anteriores. Em muitos dos primeiros países desenvolvidos, como os EUA e o Reino Unido, os EKC relacionados com o tratamento da poluição atmosférica foram comprovados. Estudos científicos estimaram o EKC para quatro tipos de emissões - SO_2, NOX, pequenas partículas (SPM) e CO, que são as principais fontes de poluição atmosférica. O resultado mostra que os pontos de viragem foram: SO2, $10.391; NOX, $13.383; e SPM, $12.275 (dólares americanos de 1990) (Stern, 2004). Com base nos dados do Banco Mundial, em 2013 o rendimento per capita da China é de 11 850 dólares (dólar internacional atual), o que corresponde a cerca de 10 576 dólares convertidos para dólares americanos de 1990. Assim, o atual rendimento per capita na China já ultrapassa os pontos de viragem do SO2 EKC e está próximo dos pontos de viragem do NOX e SPM.

Olhando para a história da poluição atmosférica da China, verifica-se que a China controla o SO2 e o NO2 numa fase anterior (Wang, 2013). Comparativamente, a redução dos poluentes SO2 está a correr bem. Mas o tratamento da poluição por NOX e SPM começa tarde e o controlo não é muito bom. De acordo com a teoria EKC, o ideal seria que o problema da poluição atmosférica diminuísse após o ponto de viragem. Mas esta tendência idealista não surge inevitavelmente sem medidas eficazes de tratamento da poluição. É verdade que o atual rendimento per capita da China está próximo do ponto de viragem da poluição atmosférica da EKC. Mas a situação real da poluição atmosférica não é otimista para a tendência de diminuição da poluição da EKC. Por conseguinte, nesta fase crucial, é importante que a China estude o problema da poluição e tome medidas úteis, aprendendo também com as experiências anteriores de controlo da poluição.

Além disso, após o ponto de viragem, o EKC seguinte seria uma tendência de progresso paralela com crescimento económico e melhoria ambiental. A tendência positiva do EKC também foi comprovada pela história do desenvolvimento dos EUA e do Reino Unido. As linhas de crescimento do PIB per capita a longo prazo para os EUA e o Reino Unido mostram que o seu crescimento económico não abrandou após a aplicação de políticas de proteção ambiental desde a década de 1960 (Fig. 2). Pelo contrário, comparando a taxa de crescimento do PIB per capita dos EUA e do Reino Unido, verifica-se que a taxa durante o período de tratamento da poluição (1960-1980) foi muito mais elevada do que no período de poluição (1940-1960). Além disso, a taxa durante o notável período de melhoria ambiental (1980-2010) foi ainda maior do que a dos períodos de tratamento da poluição (1960-1980). De 1940 a 2010, tanto os EUA como o Reino Unido sofreram várias recessões económicas quase no mesmo período. De acordo com os dados do relatório Maddison, um grande declínio económico ocorreu durante a Segunda Guerra Mundial no Reino Unido e após a Segunda Guerra Mundial nos EUA, outro por volta de 2008 devido à crise económica mundial. Outras tendências de declínio ocorreram por volta de 1973, 1979 e 1991, que foram principalmente influenciadas pelo aumento dos preços do petróleo. Por conseguinte, é mais provável que o crescimento económico seja afetado pelo círculo económico natural ou por outros factores externos. Por outro lado, as medidas de proteção do ambiente não afectariam o crescimento económico, mas contribuiriam para o seu progresso devido à promoção do desenvolvimento técnico.

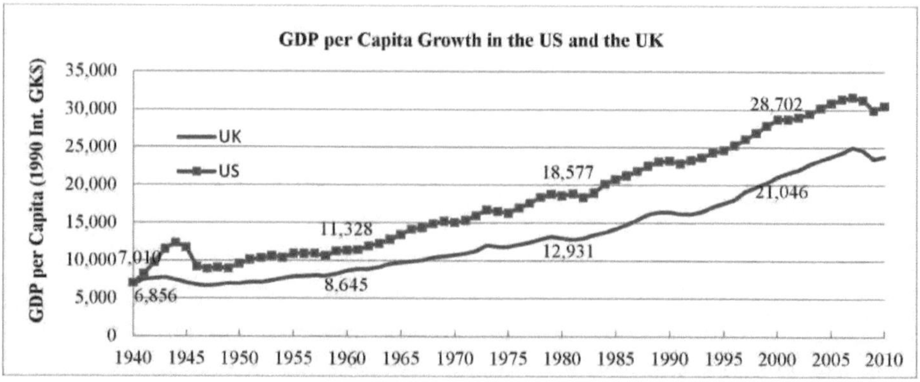

Fig. 2. Crescimento do PIB per capita nos EUA e no Reino Unido de 1940 a 2010 Fonte: Projeto Maddison. 2013. Nova base de dados do Projeto Maddison.

A partir do início da década de 1960, o movimento ambientalista espalhou-se por todo o território dos EUA e da Europa, tendo os partidos verdes e as ONG exercido pressão sobre os governos. Não só nos EUA e no Reino Unido, muitos outros países desenvolvidos começaram também a adotar estratégias ambientais para controlar a poluição atmosférica, através de leis e políticas ambientais. Por um lado, a poluição era tão grave que constituía um perigo para a saúde pública. Por outro lado, os países tinham passado a uma fase de desenvolvimento comparativamente mais elevada nessa altura, pelo que podiam lidar com a questão da poluição. Mas estes foram factores externos e boas condições para o controlo da poluição, a motivação interna significativa foi o facto de os governos e os cidadãos terem optado por resolver os problemas ambientais. Como primeiros solucionadores, os países experimentaram muitos problemas inesperados que nunca tinham enfrentado antes e tiveram de reinventar a roda para o desenvolvimento. Mas, finalmente, esses países beneficiaram das invenções e inovações.

Embora a atual fase de desenvolvimento da China e os pontos de viragem do EKC indiquem que a China poderá ser capaz de resolver os problemas ambientais e, ao mesmo tempo, obter crescimento económico. Não é natural que a futura tendência de desenvolvimento económico-ambiental da China acompanhe o EKC e que o problema da poluição seja resolvido. Durante o período de controlo da poluição nos primeiros países desenvolvidos, o apoio financeiro e a melhoria técnica foram cruciais para controlar a poluição das antigas fábricas, alterar as estruturas industriais e energéticas, bem como promover a eficiência energética. Mais importante ainda, as leis e políticas ambientais funcionaram eficazmente na contenção da poluição e no reforço das inovações técnicas e institucionais para poupar energia e reduzir a poluição.

Atualmente, na China, uma lei de proteção ambiental actualizada e mais rigorosa começou a ser aplicada em 2015. Pequim, que há anos sofre de poluição atmosférica grave, já adoptou estratégias de tratamento e formulou o "Plano de Ação para o Ar Limpo". No entanto, em comparação com o que os países desenvolvidos costumavam fazer, isto está longe de ser suficiente. As leis e políticas ambientais não devem funcionar apenas no papel ou apenas para multar e encerrar as fábricas poluidoras. Mas as leis devem funcionar como um estímulo para promover a inovação tecnológica, a eficiência energética e o desenvolvimento de energias limpas. Os países desenvolvidos beneficiaram efetivamente das leis ambientais e foi isso que levou à redução da poluição. A tese que se segue tentará analisar o caso da poluição atmosférica em Pequim, Los Angeles e Londres, estudar a forma como as leis de controlo da poluição atmosférica ajudaram os países desenvolvidos a reduzir eficazmente as emissões e as suas implicações para Pequim e para a China.

4. Estudos de casos sobre o controlo da poluição atmosférica

4.1 Estudo sobre a poluição atmosférica em Pequim

4.1.1 Introdução à poluição atmosférica em Pequim

Pequim situa-se no norte da Planície do Norte da China, a 39°56'N e 116°20E, pertence a uma zona temperada quente com um clima semi-húmido e uma precipitação anual de cerca de 410,7 mm (Gabinete Municipal de Estatística de Pequim, 2014). Toda a área está rodeada por montanhas em três direcções e forma uma topografia em U (Gabinete de Proteção Ambiental Municipal de Pequim, 2013). As caraterísticas atmosféricas e geográficas da cidade não são favoráveis à dispersão natural dos poluentes. Pequim tem uma área total de 16410,54 km^2 , que é constituída por 14 distritos e 2 condados e pode ser dividida em 4 zonas funcionais (Fig. 3, Tab. 2). A população total de Pequim é de cerca de 21,148 milhões de habitantes, com uma densidade populacional média de 1289/km^2 . No entanto, quase 60% das pessoas residem em cerca de 8,3% do território no centro da cidade, o que cria uma densidade populacional muito elevada nas áreas centrais, cerca de 9160 pessoas/km^2 (Gabinete Municipal de Estatística de Pequim, 2014). A densidade populacional nos 2 distritos da zona central é extremamente elevada, com 23942 pessoas/km^2 . O grande número de habitantes de Pequim provoca uma grande procura de várias energias. A densidade populacional extremamente elevada na zona central conduz a um congestionamento de tráfego pesado que agrava as emissões dos veículos e a poluição atmosférica.

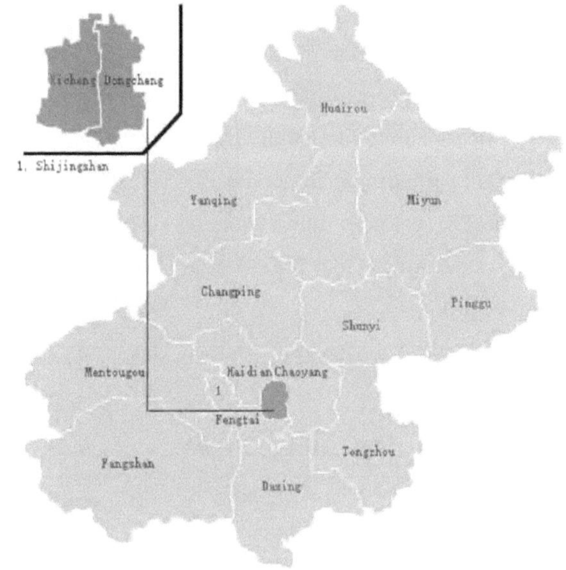

Fig. 3. Mapa da divisão administrativa de Pequim

Fonte: Gabinete Municipal de Estatística de Pequim, 2014; Wikipédia - Divisão administrativa de Pequim, 2014.

Beijing Function Zoning	Districts and Counties	Land Area (km^2)	% of total Area	Population (million)	% of total Population	Density (person/km^2)
Beijing	14 Districts and 2 Counties	16410.54	100.00%	21.148	100.00%	1289
Core Function Area	Dongcheng, Xicheng Districts	92.39	0.56%	2.212	10.46%	23942
Expansion Function Area	Chaoyang, Fengtai, Shijingshan, Haidian Districts	1275.93	7.78%	10.322	48.81%	8090
New Development Area	Fangshan, Tongzhou, Shunyi, Changping, Daxing Districts	6295.57	38.36%	6.715	31.75%	1067
Eco-Conservation Area	Mentougou, Huairou, Pinggu Districts; Miyun, Yanqing Counties	8746.65	53.30%	1.899	8.98%	217

Tab. 2. Divisões de Pequim e população

Fonte: Gabinete Municipal de Estatística de Pequim, 2014.

As normas de qualidade do ar são medidas pela massa de partículas ($\mu m/m^3$). As partículas (PM) são matéria sólida ou líquida microscópica suspensa na atmosfera da Terra. Inicialmente, os padrões de qualidade do ar eram avaliados apenas pelo total de partículas em suspensão (TSP, diâmetro de partícula $\leq$ 100 μm). Estudos científicos posteriores descobriram que as partículas minúsculas podem viajar para as vias respiratórias e pulmões das pessoas e causar doenças do sistema respiratório e dos pulmões, então os padrões de qualidade do ar mudaram para a medição de PM10 (diâmetro $\leq$ 10 μm) e, em seguida, PM2,5 (diâmetro $\leq$ 2,5 μm) (Alfarra, 2004). De acordo com as diretrizes de qualidade do ar da Organização Mundial da Saúde (OMS), as concentrações exteriores de PM2,5, PM10, NO2 e SO2 são saudáveis para as pessoas com valores iguais ou inferiores a 10, 20, 40 e 20 μg/m³ respetivamente (Organização Mundial da Saúde, 2014) (Tab. 3). Quando as PM2,5 e PM10 atingem ou são superiores ao nível de 35 e 70 μg/m³ respetivamente, estão associadas a um risco de mortalidade a longo prazo cerca de 15% superior (World Health Organization, 2005). No entanto, de 2011 a 2013, quando a qualidade do ar piorou mais seriamente em Pequim, tanto a concentração anual de PM2,5 como a de PM10 foram muito superiores aos valores de alarme da OMS (Tab. 3). É a elevada concentração de PM2,5 e de PM10, direta e indiretamente, que causa os nevoeiros em Pequim.

	PM2,5 média anual	**PM10 anual**	**NO_2 média anual**	**SO_2 Média de 24 horas**
Linha de alarme da OMS	10	20	40	20
Pequim 2011	-	108	56	28
Pequim 2012	90	109	52	29
Pequim 2013	106	113	56	26

Tab. 3. Comparação do atual índice de qualidade do ar em Pequim com as normas da OMS (μg/m)³

Fonte: Normas da Organização Mundial de Saúde; Gabinete Municipal de Proteção Ambiental de Pequim.

Os problemas de poluição atmosférica em Pequim são sobretudo evidenciados pelo aumento anual dos dias de nevoeiro. O nevoeiro, em termos meteorológicos, é um fenómeno atmosférico em que poeira, ácido sulfúrico, ácido nítrico, hidrocarbonetos orgânicos e estas partículas finas de poeira se acumulam no ar, obscurecendo o céu limpo e levando a uma visibilidade horizontal inferior a 10 km (Liu, et al., 2013). O nevoeiro consiste em gotículas de água suspensas no ar ou perto da superfície da Terra. Quando a humidade diminui e as partículas de poeira ou de aerossóis aumentam no ar, o nevoeiro pode transformar-se em neblina em determinadas condições (Ma, Gan, Zhang, Li, & Zhang, 2013). As neblinas, que contêm muitos poluentes tóxicos, são prejudiciais para a saúde humana, ao passo que os nevoeiros são normalmente menos nocivos para as pessoas. Por conseguinte, a principal tarefa da melhoria da qualidade do ar em Pequim consiste em controlar os dias de neblina e reduzir as emissões que a provocam. De 1980 a 2014, os dias de neblina anuais registaram uma tendência de aumento constante, com algumas pequenas flutuações durante o longo período de tempo em Pequim. No entanto, desde 2010, o número de dias de neblina registou um crescimento dramático (Fig. 4).

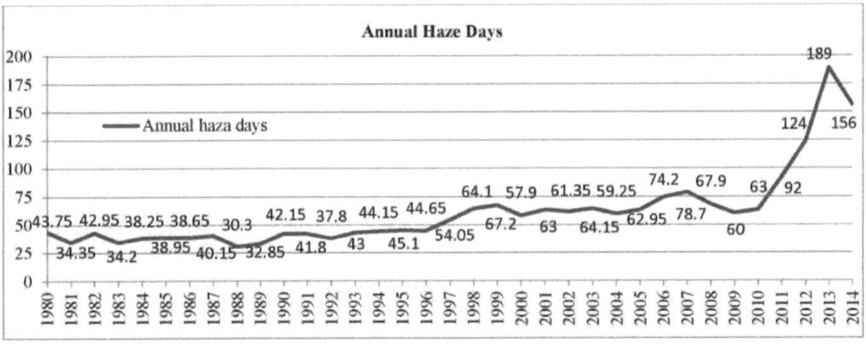

Fig. 4. Tendências anuais dos dias de neblina em Pequim de 1980 a 2014 Fonte: Gabinete Municipal de Meteorologia de Pequim.

A elevada concentração de partículas perigosas pode afetar a saúde humana. Muitos estudos epidemiológicos mostraram a correlação entre a poluição atmosférica por partículas e a saúde humana (Dockery, et al., 1993) (Pope, et al., 1995). De acordo com estudos chineses, as visitas hospitalares por doenças respiratórias mostram correlações positivas com a concentração de poluentes atmosféricos de PM2,5, PM10, NO2 e SO2. Quando o SO2 e o NO2 aumentaram em 10 $\mu g/m^3$, as visitas hospitalares diárias aumentaram 3% (Li, Peng, & Zhang, 2009). A taxa de mortalidade e morbilidade das doenças cardiovasculares está associada ao aumento das PM2,5 e PM10 (Guo, 2007). De acordo com uma estimativa efectuada pela Organização Mundial de Saúde, o Banco Mundial e a Academia Chinesa, a poluição atmosférica causa 350 000 a 500 000 mortes permanentes na China todos os anos (Moore, 2014). Um estudo mostra que, em Pequim, existe uma correlação positiva significativa entre a concentração de CO, SO2, NOX, TSP e a taxa de mortalidade. Quando o SO2 aumentou em 100 $\mu g/m^3$, as taxas de mortalidade devido a doenças respiratórias, cerebrovasculares e cardiovasculares, coronárias e pulmonares obstrutivas crónicas, aumentam em 4,21%, 3,97%, 10,68% e 19,21%, respetivamente. Quando a TSP aumenta em 100 $\mu g/m^3$, a morte respiratória aumenta em 3,19%, e a morte cerebrovascular e cardiovascular aumenta em 0,62% (Chang, Pan, Xie, & Gao, 2003).

4.1.2 A formação e as fontes dos dias de neblina de Pequim

A formação e a evolução da neblina em Pequim são afectadas pelas condições meteorológicas e pelas intensidades das emissões. A alta pressão e o tempo calmo resultam numa condição de estagnação e restringem a difusão de contaminantes (Ma, Gan, Zhang, Li, & Zhang, 2013). Os poluentes atmosféricos são compostos de poluição, incluindo emissões de partículas primárias e de partículas secundárias (He, Wang, Wang, Wang, Liu, & Chen, 2013). Estudos mostram que as partículas primárias, como PM2.5 e PM10, e os gases poluentes, como NOX, SO2, VOCs, NH3, são os principais poluentes que formam a neblina (Zhao, Pu, Meng, Ma, Dong, & He, 2013) (Bai, 2015). Entre eles, o PM 2,5 é essencial para provocar os efeitos da neblina (Bai, 2015).

Além disso, a formação de partículas secundárias aumenta a concentração total de PM2,5 no ar e agrava o nível e a duração da neblina. O mecanismo de formação das partículas secundárias é também o processo de formação de aerossóis secundários. Quando a matéria particulada e os gases, especialmente PM2.5, SO2 e NOX, se acumulam excessivamente na atmosfera e se encontram em condições meteorológicas de estagnação e não se podem difundir, as reacções químicas funcionam para formar as partículas secundárias através da oxidação de gases precursores. Por exemplo, as partículas de sulfato e nitrato podem formar-se a partir da conversão gás-partícula de SO2 e NOX (ETH, 2012) (Bai, 2015) (He, Wang, Wang, Wang, Liu, & Chen, 2013). Os sulfatos são as principais partículas das PM2,5 e estão diretamente ligados à formação de neblina devido aos seus fortes efeitos de dispersão da luz. Experiências científicas demonstraram que, quando o SOX e o NOX coexistem na atmosfera, o NOX promove a conversão do SO2 em sulfato (Bai, 2015).

As partículas secundárias, que se apresentam principalmente como sulfato de amónio e nitrato de amónio, são as partículas mais abundantes no PM2.5 em dias de neblina em Pequim (Sun, Zhuang, Tang, Wang, & An, 2006). As partículas secundárias, juntamente com as partículas primárias, conduzem a uma elevada concentração de partículas no ar (He, Wang, Wang, Wang, Liu, & Chen, 2013). Todas as partículas se misturam com o gás e o ar e formam aerossóis que têm efeitos de dispersão. A emissão de poluição pesada, a evolução do número e do tamanho dos aerossóis e o crescimento higroscópico para a dispersão de aerossóis causam diretamente os poluentes da neblina (Ma, Gan, Zhang, Li, & Zhang, 2013).

A identificação e a redução da fonte de PM2,5 é da maior importância para reduzir as partículas e a formação de partículas secundárias. Embora as fontes de PM2,5 provenham tanto da natureza como de emissões antropogénicas, são as emissões produzidas pelo homem que provocam emissões totais que excedem a capacidade ambiental local e que conduzem à neblina. Por conseguinte, a questão fundamental no controlo da poluição atmosférica é controlar as emissões humanas. Estudos demonstraram que as fontes de PM2.5 são o enxofre secundário, os gases de escape dos veículos, a combustão de combustíveis fósseis, o pó das estradas, a queima de biomassa, o pó do solo e o processamento de metais (Yu, et al., 2013). De acordo com a informação oficial de Pequim, o componente de PM2.5 em Pequim são poluentes orgânicos 26%, nitrato 17%, sulfato 16%, sal de amónio 11%, outros 30% em que 12% são elementos da crosta (Fig. 5) (Luo, 2014). Entre todas as PM2.5, 70% provêm de emissões de origem humana. O total de PM2.5 em Pequim é constituído por poluições locais e transfronteiriças, representando 64-72% e 28-36%, respetivamente. As fontes de poluição locais são constituídas por emissões de veículos 31,1%, queima de carvão 22,4%, indústrias 18,1%, poeira 14,3% e outros 14,1%, incluindo restaurantes, reparação de automóveis, pintura de construção, pecuária e assim por diante (Fig. 5) (Luo, 2014). Estudos posteriores mostram que, em dias de neblina intensa, a percentagem de fontes de poluição é de 42% de emissões de veículos, 28% de queima de carvão, 13% de indústrias, 12% de poeira e 5% de outros (Fig. 5) (Bai, 2015). As principais fontes de NOX e PM2.5 provêm da queima de carvão e da emissão de veículos (Bai, 2015).

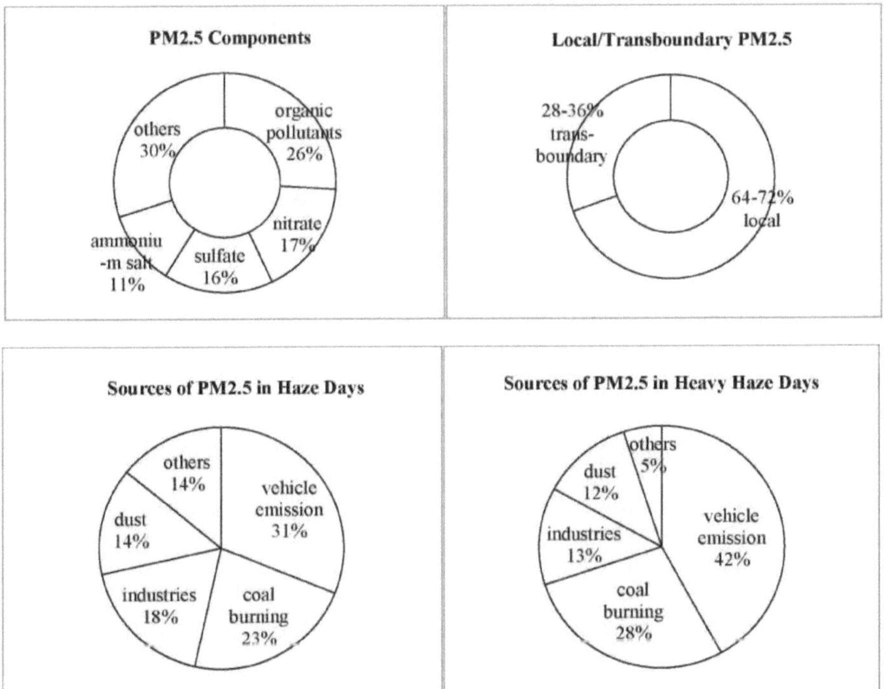

Fig. 5. Análise dos componentes e fontes de PM2.5 nos dias de neblina em Pequim

Fontes: Luo, 2014, The Latest Study of the Source of PM2.5 Shows that 1/3 of the Pollution Came from Vehicle Emission; Bai,

2015, The Progress and Perspective of the Study of Haze from China Science Academy.

4.1.3 Desenvolvimento económico e poluição atmosférica em Pequim

A poluição atmosférica e a escalada das emissões antropogénicas acompanham o rápido desenvolvimento económico, a expansão urbana e o aumento da população e dos veículos em Pequim. De 2001 a 2013, o PIB aumentou 525,91% e o PIB per capita aumentou 345,49% em Pequim (Fig. 6). Ao mesmo tempo, o nível de vida das pessoas aumentou, o que é evidente pelo facto de o rendimento anual disponível ter aumentado 348,26%. A população de Pequim continuou a aumentar em 152,68% e o número de veículos aumentou rapidamente para mais do triplo em comparação com os números de 2001. O crescimento económico e o aumento da procura por parte das indústrias e dos agregados familiares levaram a que o consumo total de energia aumentasse 173,89%. Embora a taxa de crescimento do consumo de energia seja muito inferior à taxa de crescimento do PIB, devido à mudança estrutural e à melhoria da eficiência energética. Mas a quantidade de base do consumo total de energia foi elevada até 42,292 milhões de toneladas (equivalente de carvão padrão) em 2001, pelo que a acumulação contínua contribui para um consumo de energia de 73,542 milhões de toneladas em 2013. (Gabinete Municipal de Estatística de Pequim, 2014)

A Fig. 6 mostra também uma correlação clara entre o crescimento económico e o aumento dos dias de neblina em Pequim. A poluição atmosférica tem sido intensa e os dias de neblina têm vindo a aumentar continuamente desde 2000 em Pequim. De 2000 a 2004, o número médio anual de dias de neblina foi de cerca de 62 dias e a taxa média de crescimento do PIB foi de cerca de 11% (Gabinete Municipal de Meteorologia de Pequim, 2014) (Gabinete Municipal de Estatística de Pequim, 2014). A partir de 2004, a taxa de crescimento do PIB aumentou consideravelmente e os dias de neblina também registaram uma tendência ascendente. Entre 2008 e 2009, registou-se mesmo uma tendência decrescente dos dias de neblina anuais, devido aos efeitos "verdes" dos Jogos Olímpicos de Pequim de 2008. Mas também durante estes períodos, a taxa de crescimento do PIB diminuiu obviamente em comparação com 2007 e 2010. A partir de 2010, os dias de neblina aumentaram a uma velocidade incontrolável, passando de 63 dias em 2010 para 189 dias em 2013. Em janeiro de 2013, os dias de neblina atingiram 29 dias num mês (Su, 2013). A poluição atmosférica era tão grave que a Academia de Ciências Sociais de Xangai declarou num relatório que a cidade era quase inabitável para os seres humanos em 2014 (Kaiman, 2014). Ao mesmo tempo que os dias de neblina aumentavam, o PIB de Pequim também registou um rápido aumento entre

2010 e 2013. Por conseguinte, isto indica que, na última década, quando o crescimento do PIB de Pequim aumentou a uma velocidade comparativamente menor, os dias de neblina mantiveram-se em cerca de 60-70 dias. Quando o crescimento económico aumentou a uma velocidade elevada, os dias de nevoeiro aceleraram rapidamente. Além disso, isto também ilustra que o crescimento económico de Pequim se faz à custa de um elevado custo da poluição, devido ao elevado consumo de combustíveis poluentes, às indústrias tradicionais e às tecnologias obsoletas.

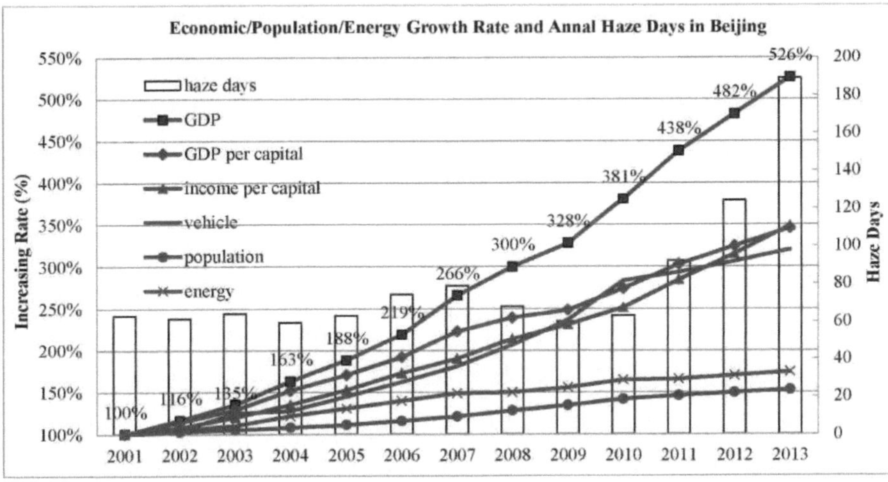

Fig. 6. Comparação sócio-económica-ambiental em Pequim de 2001 a 2013

Fonte: Gabinete Municipal de Meteorologia de Pequim; Gabinete Municipal de Estatística de Pequim.

O carvão e o petróleo representam a maior parte do consumo de energia. Os principais poluentes em Pequim provêm da combustão do carvão e do petróleo. Além disso, os poluentes não são apenas produzidos em Pequim, mas também provenientes das cidades vizinhas, onde as indústrias são maioritariamente alimentadas pelo esgotamento do carvão. A grande quantidade de carvão queimado e o consumo de petróleo proveniente do aumento de veículos produziram inevitavelmente enormes emissões para a atmosfera e causaram o aumento dos dias de neblina em Pequim. A fim de controlar a poluição atmosférica em Pequim, o ponto-chave é a redução das emissões do carvão e dos veículos.

4.1.4 Aumento de veículos e dias de neblina em Pequim

As emissões dos veículos são responsáveis por 31,1% dos poluentes PM 2,5 em dias de nevoeiro normal e contribuem para 42% dos poluentes em dias de nevoeiro intenso em

Pequim (Bai, 2015). Atualmente, tornaram-se os principais poluentes que causam a neblina e que precisam urgentemente de ser reduzidos. Embora o governo de Pequim tenha tomado medidas de controlo da poluição relacionada com os automóveis, não conseguiu reduzir eficazmente a poluição, especialmente nos últimos três anos.

O governo de Pequim tem vindo a melhorar a qualidade da gasolina e do gasóleo desde 2000 (quadro 4). [st]A China começou a utilizar gasolina sem chumbo em 1 de julho de 2000 em todo o país, e implementou por fases a utilização de combustíveis com menor teor de enxofre em diferentes cidades.

Pequim foi sempre a primeira cidade da China a utilizar combustível de melhor qualidade, em comparação com outras cidades. Desde 2012, Pequim tem fornecido gasolina e gasóleo com o menor teor de enxofre em todas as estações de serviço (Ministério da Proteção Ambiental da RPC, 2013).

<table>
<tr><th>Sulfur content (mg/kg)</th><th>1999</th><th>2000</th><th>2001</th><th>2002</th><th>2003</th><th>2004</th><th>2005</th><th>2006</th><th>2007</th><th>2008</th><th>2009</th><th>2010</th><th>2011</th><th>2012</th></tr>
<tr><td>Gasoline Sulfur content</td><td>1500</td><td>1000</td><td colspan="4">800</td><td>500</td><td>150</td><td>150</td><td colspan="4">50</td><td>10</td></tr>
<tr><td>Diesel Sulfur content</td><td colspan="3">2000/5000/10000</td><td colspan="3">2000</td><td>500</td><td colspan="2">350</td><td colspan="4">50</td><td>10</td></tr>
</table>

Tab. 4. Calendário para Pequim adotar a gasolina e o combustível para motores diesel melhorados

Fonte: Ministério da Proteção do Ambiente da República Popular da China. Relatório anual do controlo das emissões de veículos na China, 2013.

Em segundo lugar, Pequim adoptou restrições à condução e à aquisição de veículos a motor. A "política de restrição da circulação" foi utilizada pela primeira vez como medida provisória durante os Jogos Olímpicos de Pequim em 2008. Com base na matrícula do veículo, os veículos de número ímpar eram autorizados a circular na estrada num dia e os de número par no dia seguinte. Como funcionou de forma muito eficaz para reduzir a poluição e o congestionamento, a política tornou-se uma medida formal de gestão do tráfego após os Jogos Olímpicos de Pequim. Mas a política foi adaptada para restrições de um dia por semana, o que significa que os veículos a motor com o último número de matrícula 1 ou 6, 2 ou 7, 3 ou 8, 4 ou 9, 5 ou 0, respetivamente, devem deixar de circular na via pública (dentro da 5th Ring Road) uma vez por semana entre as 7 e as 20 horas. Além disso, Pequim começou a restringir a compra de automóveis, atribuindo novas matrículas através de uma lotaria pública de veículos desde 2011. Esta política reduz eficazmente o aumento da velocidade dos veículos, mas não reduz a acumulação de poluentes.

A partir da Fig. 7, podemos observar uma relação de longo prazo entre o aumento de veículos e o aumento dos dias de neblina em Pequim. De um modo geral, os dias de neblina aumentaram juntamente com o rápido crescimento do número de veículos. Antes de 2010, a melhoria da qualidade dos combustíveis contribuiu ativamente para o controlo da poluição atmosférica. De 1990 a 2007, o número total de veículos aumentou de 507 mil para 3,07 milhões, ou seja, cerca de seis vezes mais em dezassete anos. Por outro lado, a melhoria da qualidade do combustível ajudou a controlar a poluição, pelo que os dias de nevoeiro aumentaram de cerca de 42 para 79 dias. A qualidade dos combustíveis passou de gasolina com alto teor de enxofre (acima de 1500 mg/kg) e gasóleo (acima de 2000 mg/kg) na década de 1990 para combustíveis com baixo teor de enxofre, que continham 150 mg/kg e 350 mg/kg de enxofre na gasolina e no gasóleo, respetivamente, em 2007. Em 2008, devido aos efeitos dos Jogos Olímpicos de Pequim, o governo adoptou várias medidas para melhorar a qualidade do ar e cumprir as normas ambientais exigidas. A fim de reduzir as emissões dos veículos, Pequim começou a utilizar gasolina e gasóleo de alta qualidade, com 50 mg/kg de enxofre, e aplicou políticas de restrição da condução. Assim, embora em 2009 o número de veículos tenha atingido mais de 4,019 milhões, os dias de neblina diminuíram para cerca de 60 dias.

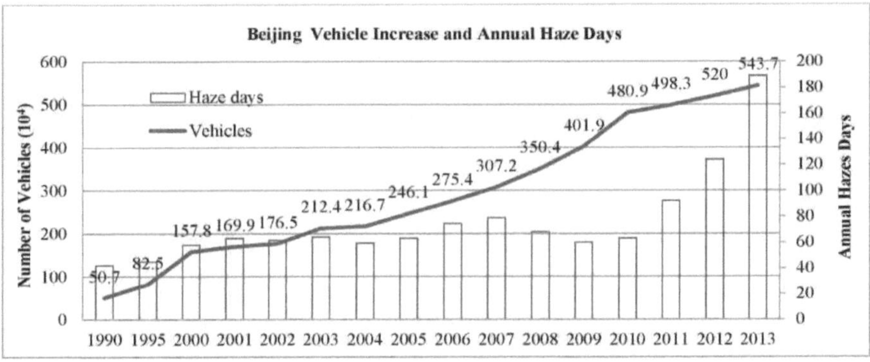

Fig. 7. Relação entre o aumento de veículos e os dias de neblina em Pequim

Fonte: Gabinete Municipal de Meteorologia de Pequim; Gabinete Municipal de Estatística de Pequim.

Mas as coisas mudaram em 2010. A fim de reduzir a poluição e resolver o congestionamento do tráfego, Pequim decidiu aplicar restrições à compra de veículos automóveis em 2011. Esta política levou a uma compra de automóveis em pânico em 2010. As vendas de veículos foram superiores a 1,432 milhões, incluindo 916 mil carros novos e 516 mil carros antigos. Nos últimos dois meses de 2010, antes da implementação da restrição à compra de automóveis em janeiro de 2011, as vendas de veículos aumentaram para 387 mil (China News, 2011). O número de veículos registados foi de 4,809 milhões em 2010. Quando estes carros circularam na estrada em 2011, os dias de neblina aumentaram drasticamente para 92 dias, contra 62 dias em 2010.

Depois disso, nem mesmo a melhoria da qualidade dos combustíveis e as políticas de restrição dos veículos conseguem travar eficazmente a poluição. Em 2012, Pequim adoptou uma qualidade de combustível mais elevada, contendo apenas 10 mg/kg de enxofre na gasolina e no gasóleo. A lotaria de veículos restringiu o aumento da velocidade dos veículos, e a restrição de condução limitou a quantidade total de veículos a circular na estrada. No entanto, com a acumulação de muitos anos e o período de subida em 2010, a quantidade total de veículos em Pequim era de 5,437 milhões em 2013. As medidas acima referidas não foram suficientes para travar as enormes emissões e a poluição quando o número de veículos atingiu tal valor. Em 2012 e 2013, os dias anuais de neblina atingiram 124 dias e 189 dias, respetivamente. Em 2014, os dias de neblina diminuíram um pouco para 156 dias. Durante os três anos, entre um terço e metade do ano, Pequim esteve coberta de smog, o que afectou gravemente a saúde e a vida quotidiana das pessoas.

O número de veículos aumentará provavelmente no futuro em Pequim, porque cada vez mais pessoas gostariam de ter carros particulares e o mercado automóvel tem uma grande procura. As políticas de restrição podem reduzir a taxa de crescimento das emissões, mas não podem verdadeiramente atenuar a quantidade de emissões quando o número de veículos continua a aumentar em Pequim. A melhoria da qualidade do combustível pode ajudar a reduzir as emissões, mas o combustível também precisa de veículos de alta qualidade para funcionar em conjunto. Assim, o reforço da capacidade dos veículos para reduzir as emissões e a poluição e a promoção de veículos que poupam energia devem ser a forma correta de reduzir realmente as emissões totais, mesmo quando o número total de veículos está a aumentar. Na década de 1940, Los Angeles enfrentava um problema semelhante de poluição atmosférica provocada pelas emissões dos veículos. No entanto, a cidade e o estado da Califórnia resolveram o problema do smog pesado através do desenvolvimento de tecnologias de redução das emissões, tendo finalmente chegado ao resultado de o número de veículos a motor ter aumentado e a qualidade do ar ter melhorado. A tese analisará o que ajudou Los Angeles a melhorar a qualidade do ar no passado.

4.1.5 Consumo de carvão e dias de neblina em Pequim

A poluição atmosférica de Pequim tem uma correlação direta com o aumento do consumo de energia. A Fig. 8 mostra que, quando o consumo de energia duplicou entre 1990 e 2007, os dias de neblina anuais quase duplicaram na mesma proporção. A partir de 2008, a tendência de crescimento do consumo de energia abrandou, mas o montante total do consumo continuou a aumentar de ano para ano. Em 2012, quando o consumo total de energia atingiu 71,78 milhões de toneladas, os dias de neblina ascenderam a 124 dias. Nos dois anos seguintes, os dias de neblina foram ainda mais graves, atingindo 189 dias em 2013 e 156 dias em 2014, respetivamente.

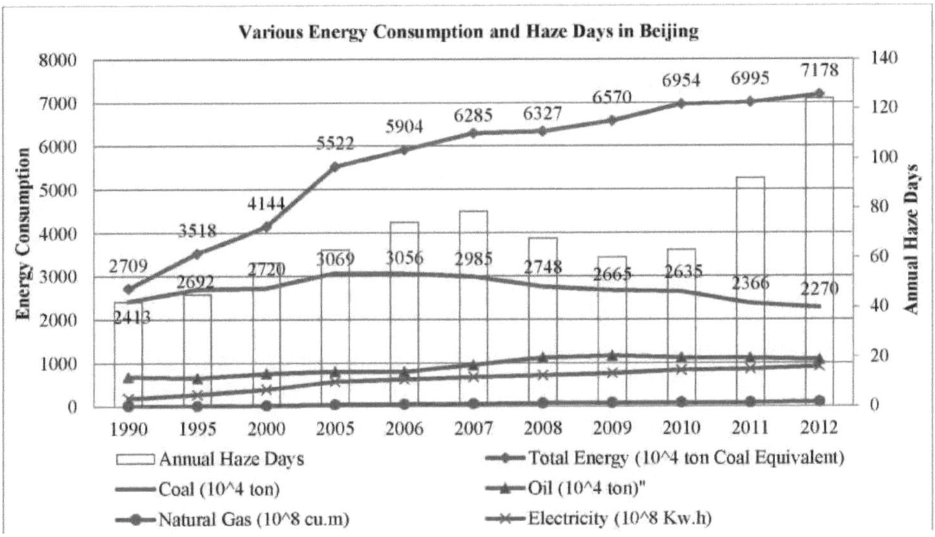

Fig. 8. Carvão, petróleo, gás natural, eletricidade, consumo total de energia e dias de neblina em Pequim de 1990 a 2012 Fonte: Gabinete Municipal de Meteorologia de Pequim; Gabinete Nacional de Estatística da China. China Energy Statistical Yearbook, 2000-2013.

Em Pequim, o carvão e o petróleo são as principais fontes de energia. Embora o consumo de carvão tenha diminuído desde 2005, o carvão continua a ser a maior percentagem do consumo total de energia. As emissões da combustão do carvão são as partículas, SOX, NOX, CO, CO_2, mercúrio e outras substâncias conhecidas como perigosas para a saúde humana (Lockwood , Welker-Hood, Rauch, & Gottlieb, 2009). Estas partículas e os gases residuais provocam, direta ou indiretamente, a concentração de PM2,5 e de partículas secundárias. De acordo com as estimativas científicas, a queima de carvão é responsável por 22,4% dos poluentes PM 2,5 em dias de neblina, e 28% dos poluentes em dias de neblina intensa (Bai, 2015). Exceptuando as emissões dos veículos, o carvão é atualmente a segunda principal fonte de poluentes que causam neblinas em Pequim.

Do ponto de vista da estrutura do consumo de carvão em Pequim, o carvão é utilizado principalmente em centrais térmicas para produzir eletricidade, fornecer aquecimento, uso industrial, uso residencial e outros tipos de utilização. Devido às políticas de ajustamento estrutural da energia e de redução da poluição industrial, a Fig. 9 mostra que o consumo de carvão diminuiu significativamente nas últimas décadas no sector industrial, nas centrais térmicas e noutros sectores (Gabinete Nacional de Estatísticas da China, 2013). Mas devido ao aumento da população, a procura de aquecimento no inverno aumentou. O consumo de carvão no sistema de aquecimento continuou a crescer. O facto de a queima de carvão aumentar acentuadamente durante a estação de aquecimento explica bem por que razão os dias de neblina se tornaram mais proeminentes durante o inverno.

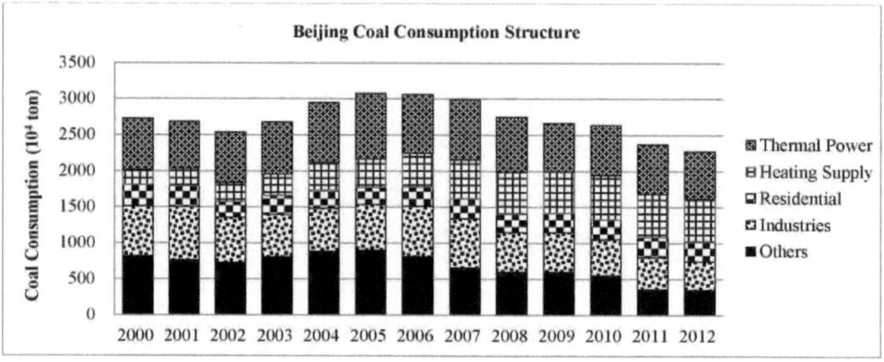

Fig. 9. Estrutura do consumo de carvão em Pequim de 2000 a 2012

Fonte: Gabinete Nacional de Estatísticas da China. 2013. Anuário estatístico da energia da China, 2000-2013.

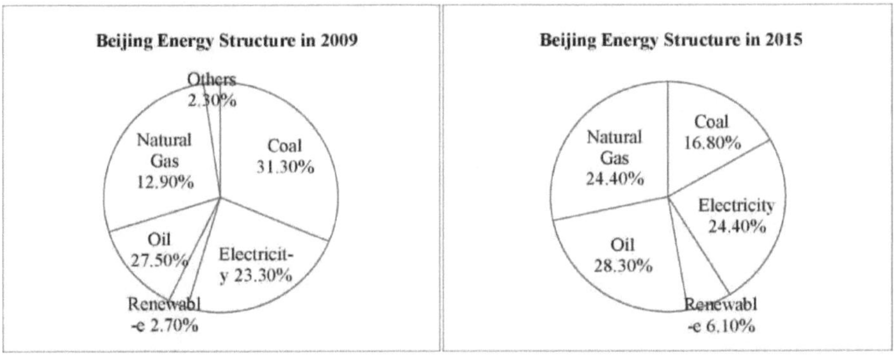

Fig. 10. Estrutura energética em Pequim de 2009 a 2015

Fonte: Li, et al. Análise da produção e do consumo de carvão e perspectivas da procura de carvão em Pequim. China Energy, 2011. Vol. 33, 29-32 (em chinês).

A fim de reduzir as emissões de carvão e a poluição em Pequim, de acordo com o "Décimo segundo plano quinquenal de Pequim", Pequim reduzirá ainda mais o consumo de carvão e optimizará a estrutura energética. A utilização de energias comparativamente mais limpas, como o gás natural, a eletricidade e as energias renováveis, será incentivada e aumentará a sua proporção no consumo total de energia. O plano era reduzir o consumo de carvão para 20 milhões de toneladas (15 milhões de toneladas padronizadas) (Fig. 10) (Li, Rao, Song, & Tan, 2011). No entanto, é de notar que, se a eletricidade for produzida através da queima de carvão, não se trata de uma energia mais limpa. E embora a utilização de gás natural crie menos poluentes em comparação com a combustão de carvão, pode ainda assim produzir muito NO2, o que agravaria a formação de PM 2,5. Assim, a diminuição dos contaminantes provenientes da utilização de energias e a promoção das energias renováveis são cruciais para reduzir as emissões e controlar a poluição.

Para além da poluição local de Pequim, uma outra fonte de poluição atmosférica é a poluição transfronteiriça do carvão proveniente das províncias e cidades vizinhas. Pequim está rodeada pela província de Hebei e pela cidade de Tianjin. As duas regiões têm um consumo de carvão bastante elevado e a procura regional de carvão tem crescido rapidamente (Fig. 11). Em 2012, o carvão consumido foi de 52,98 milhões de toneladas em Tianjin, enquanto 313,59 milhões de toneladas em Hebei (Fig. 12) (Gabinete Nacional de Estatísticas da China, 2014). Uma quantidade tão grande de consumo de carvão não só conduziu a um grave problema de poluição atmosférica em Hebei e Tianjin, como também causou a propagação da poluição transfronteiriça em Pequim. Com base em investigações, em Pequim, a poluição local contribui com cerca de 64-72% das PM 2,5 em dias de neblina, enquanto a poluição transfronteiriça representa 28-36% dos poluentes (Luo, 2014). Por conseguinte, para resolver o problema da poluição atmosférica em Pequim, é também necessário reduzir a poluição das zonas circundantes.

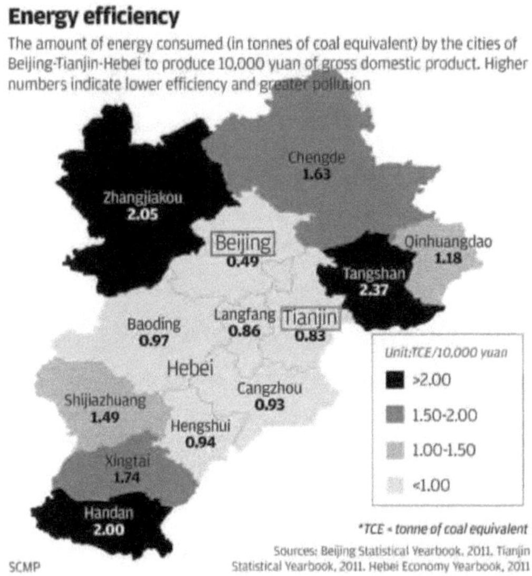

Fig. 11. Um mapa de comparação da eficiência energética entre Pequim, Tianjin e as cidades da província de Hebei Fontes: Anuário Estatístico de Pequim 2011; Anuário Estatístico de Tianjin 2011; Anuário Económico de Hebei 2011.

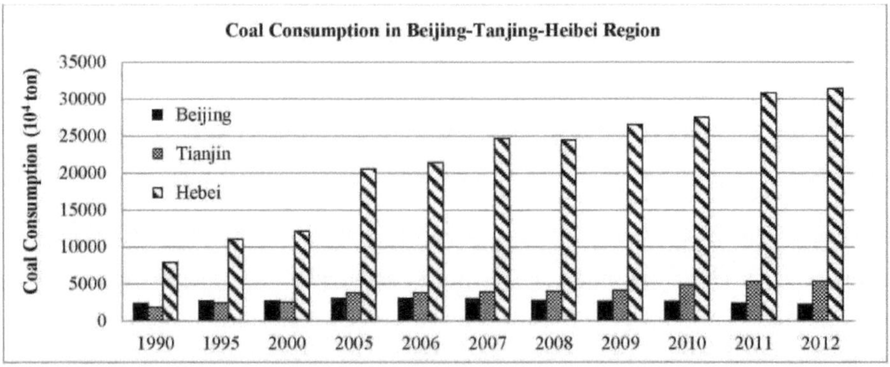

Fig. 12. Consumo total de carvão na região de Pequim-Tianjing-Heibei

Fonte: Gabinete Nacional de Estatísticas da China. China Energy Statistical Yearbook, 2000-2013.

4.1.6 Medidas e resultados do controlo da poluição atmosférica de Pequim

Os problemas de poluição atmosférica surgiram gradualmente na China, juntamente com os rápidos processos de industrialização durante a década de 1980. Em 1979, foi publicada na China a primeira " Lei de Proteção Ambiental ". Desde então, foram elaboradas e aplicadas várias leis e regulamentos ambientais sobre o controlo da poluição atmosférica (Quadro 5). Do mesmo modo, o congresso popular e o governo municipal de Pequim também desenvolveram uma série de regulamentos, políticas e normas de controlo da poluição local. Desde 1997, o governo de Pequim elaborou e publicou anualmente novos regulamentos e medidas ou novas normas centradas no controlo e tratamento da poluição atmosférica local. De 1998 a 2010, foram adoptadas em Pequim dezasseis fases de medidas de controlo da poluição atmosférica. As medidas de controlo da poluição atmosférica são constantemente desenvolvidas em 7 aspectos: (1) controlo da poluição dos veículos; (2) controlo da poluição da combustão do carvão; (3) redução da poluição industrial; (4) redução da poluição das poeiras urbanas; (5) construção de ecossistemas; (6) reforço da investigação e da monitorização das ciências ambientais; (7) incentivo à abertura da informação ambiental e à participação do público. Os governos de Pequim, Tianjin e Hebei decidiram colaborar no combate à poluição atmosférica (Gabinete de Proteção Ambiental Municipal de Pequim, 2013). Desde 2011, o governo central e o governo local de Pequim elaboraram um plano quinquenal de controlo da poluição atmosférica e estabeleceram objectivos específicos. Em 2014 e 2015, foram publicadas e implementadas a "Lei de Proteção Ambiental" nacional melhorada e o "Projeto de Lei de Prevenção e Controlo da Poluição Atmosférica". A "Lei de Proteção Ambiental" alterada foi considerada a lei ambiental mais rigorosa até à data na China.

Leis e medidas nacionais de controlo da poluição atmosférica	**Medidas de tratamento da poluição atmosférica do município de Pequim**
1979.9 - Lei de proteção do ambiente (para aplicação	1990 - Regulamento Municipal de Pequim sobre a Lei da

experimental) 1982.4 - Primeiras normas nacionais de qualidade do ar ambiente 1987.9 - Lei de Prevenção e Controlo da Poluição Atmosférica 1989.12 - Lei de proteção do ambiente 1995.8 - Lei sobre a prevenção e o controlo da poluição atmosférica (alteração de 1995) 1996.10 - Melhoria das normas nacionais de qualidade do ar ambiente 1997.11 - A lei da energia economizadora 2000.4 - Lei de prevenção e controlo da poluição atmosférica (alteração de 2000) 2002.10 - Lei sobre a avaliação do impacto ambiental 2002.6 - Lei de promoção da produção mais limpa 2007.10 - Lei sobre a economia de energia (alteração 2007) 2008.8 - Lei de Promoção da Economia Circular 2012.2 - Melhoria das normas nacionais de qualidade do ar ambiente - (áreas especificadas implementadas em primeiro lugar, enquanto a implementação nacional ocorre em 2016) 2012.12 - Áreas-chave de prevenção e controlo da poluição atmosférica - o Décimo Segundo Plano Quinquenal" (2012) 2013.9 - Plano de ação para o controlo da poluição atmosférica (2013-2017) 2014.4 - Lei de Proteção Ambiental da República Popular da China (Alteração de 2014) 2015 - Versão preliminar da Lei de Prevenção e Controlo da Poluição Atmosférica (alteração de 2014)	República Popular da China relativa à Prevenção e Controlo da Poluição Atmosférica 1997 - Regulamento de Pequim relativo à prevenção e gestão do controlo da poluição dos gases de escape dos veículos a motor 1997 - Norma municipal de emissão de poluentes atmosféricos para caldeiras de Pequim 1998.12 - Anúncio do Governo de Pequim sobre medidas urgentes para controlar a poluição atmosférica em Pequim 1998 a 2010 - Dezasseis fases das medidas de controlo da poluição atmosférica de Pequim 2000.12 - Medidas do município de Pequim para a aplicação da lei relativa à prevenção e controlo da poluição atmosférica (alteração de 2000) 2002 - Norma integrada de emissão de poluentes de caldeiras 2007 - Melhoria da norma municipal de emissão de poluentes atmosféricos para caldeiras de Pequim 2008.10 - Regulamentação das restrições à condução de veículos a motor 2010.12 - Disposições provisórias de Pequim que regulam o número de automóveis pequenos de passageiros - (primeira ordem de restrição de compra de veículos na China) 2013.9 - Iniciativas de gestão da qualidade do ar em Pequim (2013-2017) 2013.10 - Plano de contingência para a poluição atmosférica intensa em Pequim (ensaio) 2014.1 - Regulamentos de controlo da poluição atmosférica de Pequim 2015.3 - Plano de Contingência para a Poluição Atmosférica Pesada de Pequim (2015)

Tab. 5. Leis e regulamentos nacionais e de Pequim em matéria de controlo da poluição atmosférica

Fontes: Ministério da Proteção do Ambiente da República Popular da China. Gabinete de Proteção Ambiental do Governo Municipal de Pequim.

No entanto, as várias leis, regulamentos e medidas não podem pôr termo à poluição, apenas abrandam, em certa medida, a velocidade crescente da poluição atmosférica antes de 2011. De 1980 a 2010, os dias anuais de neblina variaram entre 38 dias na década de 1980 e 65 dias na década de 2000. Este facto foi impulsionado pelo rápido crescimento do PIB e pelo enorme consumo de energia. De 1980 a 2010, a taxa média de crescimento do PIB de Pequim foi de 10,6% por ano (Gabinete Municipal de Estatística de Pequim, 2014). O principal objetivo do desenvolvimento de Pequim, tal como o principal objetivo de desenvolvimento da China, é o crescimento económico. Com bases económicas mais fortes, o nível de vida da população melhorou, o que se reflecte principalmente na melhoria das infra-estruturas públicas e no aumento do rendimento das famílias. No entanto, tudo isto foi impulsionado pelo elevado consumo de recursos naturais e alimentado por um modo de vida que consome muita energia, como é o caso dos proprietários e utilizadores de veículos motorizados privados, que são mais numerosos do que nunca.

Durante este período, as leis ambientais e as normas de emissão mais rigorosas levaram as indústrias a controlar as emissões de fuligem e exigiram a utilização de carvão, gasolina e gasóleo de alta qualidade com menos emissões tóxicas (Ministério da Proteção do Ambiente da RPC, 2013). Além disso, é verdade que o ajustamento da estrutura energética reduziu a proporção do consumo industrial na utilização total de energia e aumentou a energia relativamente limpa, como a eletricidade e o gás natural. Mas a quantidade total consumida nas indústrias aumentou continuamente. E com o rápido aumento da população e a melhoria do nível de vida, a energia utilizada na vida quotidiana cresceu rapidamente. Em 1980, o consumo total de energia era de apenas 19,07 milhões de toneladas, das quais 13,85 milhões de toneladas (72,6%) eram utilizadas nas indústrias e 1,43 milhões de toneladas (7,5%) eram para a vida doméstica. Mas no final de 2010, o consumo total de energia foi elevado para 69,54 milhões de toneladas de carvão equivalente, que incluiu 25,60 milhões de toneladas de consumo industrial (36,81%) e 12,30 milhões de toneladas de despesas de subsistência (17,68%) (Gabinete Municipal de Estatística de Pequim, 2014). O consumo de energia no sector industrial quase duplicou e o consumo doméstico aumentou nove vezes. Por conseguinte, de 1980 a 2010, as leis e os regulamentos poderiam impedir a rápida deterioração da qualidade do ar, tendo em conta a enorme quantidade de consumo de energia. Mas as leis e medidas adoptadas em Pequim não reduziram a quantidade total de consumo de energia e de emissões.

Em 2011, para fazer face ao agravamento dos dias de neblina, Pequim estabeleceu objectivos específicos em matéria de ar limpo e adoptou novas medidas, como a restrição do aumento do número de veículos e o fornecimento de gasolina e gasóleo de melhor qualidade. Mas os dias de neblina anuais pareciam totalmente incontroláveis e atingiram 189 dias em 2013, tendo depois descido um pouco para 156 dias em 2014. O súbito aparecimento de dias de neblina deve-se, por um lado, ao facto de a população de veículos ter aumentado drasticamente no final de 2010, o que levou à imposição de restrições à aquisição de veículos. Por outro lado, o consumo total de energia aumentou para 73,54 milhões de toneladas, das quais 22,39 milhões de toneladas de consumo industrial (30,44%) e 14,27 milhões de toneladas de consumo doméstico (19,4%) (Gabinete Municipal de Estatística de Pequim, 2014). Embora o uso de energia industrial tenha diminuído em comparação com o de 2010, o consumo ainda estava em um nível alto. A maior parte da energia industrial e parte do consumo residencial, como o aquecimento e o fornecimento de eletricidade, ainda dependem em grande parte da queima de carvão. Embora o consumo de energia residencial tenha continuado a aumentar, o consumo de combustível também aumentou com o crescimento do parque automóvel. Tanto a queima de carvão como a combustão de combustíveis produzem a maior parte das emissões que conduzem aos dias de neblina. O total de emissões ultrapassou largamente a capacidade de suporte ambiental da cidade (Zheng, 2014). Mesmo com a aplicação de requisitos mais rigorosos em matéria de emissões, de acordo com as leis e regulamentos nacionais e locais, as normas, como as normas melhoradas em matéria de combustíveis e de poluentes das caldeiras, não foram suficientes para reduzir o total das emissões.

4.1.7 Análise dos obstáculos do ponto de vista jurídico

Além disso, a eficácia da aplicação das leis e regulamentos é sempre um problema na China. O sistema jurídico chinês de controlo da poluição atmosférica é elaborado e pormenorizado. Pequim tinha identificado as principais fontes de poluição e adotado medidas desde 2000, como a redução das emissões provenientes da combustão do carvão e dos veículos. No entanto, as disposições legais no papel não puderam ser aplicadas na realidade. Um grande obstáculo é que as exigências ambientais podem ter entrado em conflito com a produção económica. Leis ambientais mais rigorosas e normas de emissão mais elevadas podem exigir o encerramento de fábricas altamente poluentes, que contribuíram muito para o crescimento económico local. Pequim precisa de atingir os objectivos de crescimento do PIB, o que é muito importante para manter a estabilidade económica e social. Assim, quando se vê confrontado com exigências ambientais, o governo de Pequim opta por deslocar e encerrar fábricas altamente poluentes de forma gradual, em vez de proceder a um encerramento abrupto, mesmo que essas fábricas não cumpram as normas de emissão. Por conseguinte, até à data, ainda existem fábricas altamente poluentes em Pequim que têm de ser deslocadas ou encerradas. Por exemplo, seis fábricas altamente poluentes acabaram de sair de Pequim em 2014 (Li R. J., 2014). Com base no "Plano de Ação para o Ar Limpo de Pequim (2013-2017)", cerca de 2000 pequenas empresas poluentes serão gradualmente retiradas do mercado de Pequim de 2015 a 2017 (Gabinete de Proteção Ambiental do Município de Pequim, 2013).

Por outro lado, embora exista um sistema jurídico ambiental sólido, algumas disposições das leis e regulamentos em matéria de ambiente são bastante vagas e pouco rigorosas. O poder de administração e punição ambiental não pode ser controlado de forma independente pelo departamento de administração da proteção ambiental, mas tem de estar sujeito à supervisão e ao acordo dos governos local e central. Veja-se uma disposição da Lei de 1989

-Lei de Proteção do Ambiente", que foi aplicada durante vinte e cinco anos na China, por exemplo:

O artigo 39.º da lei diz o seguinte: *"A empresa ou instituição que não tenha eliminado ou controlado a poluição no prazo previsto deve, nos termos previstos pelo Estado, pagar uma taxa por descarga excessiva; além disso, pode ser-lhe aplicada uma coima com base nos danos sofridos, ou a empresa ou instituição pode ser condenada a suspender as suas operações ou a encerrar. A coima referida no número anterior será decidida pelo serviço competente da administração da proteção do ambiente. A ordem de suspensão da atividade ou de encerramento de uma empresa ou instituição é emitida pelo governo que fixou o prazo para a eliminação ou controlo da poluição. Uma ordem de suspensão das operações ou de encerramento de uma empresa ou instituição diretamente sob a jurisdição do Governo Central deve ser submetida ao Conselho de Estado e por este aprovada."* (Comité Permanente do Congresso Nacional do Povo da China, 1989)

Com base no artigo, se uma empresa não cumprir as leis de controlo da poluição, a punição certa é apenas o pagamento das taxas por descarga excessiva. Mas para os danos causados pela poluição, o artigo utiliza "pode" para definir a possível coima ou sanção de encerramento. Isto significa que a sanção punitiva e as coimas podem ser exigidas ou não. Esta disposição não só não pode disciplinar as empresas poluidoras através de meios económicos punitivos, como também deixa um espaço de corrupção e de procura de rendimentos para os serviços ambientais e para o governo. Uma vez que as multas punitivas podem ou não ser aplicadas por decisão do departamento ambiental, as empresas poluidoras podem subornar o departamento ambiental para evitar as sanções (Economy, 2003) (Bhatnagar, 2014).

Além disso, só o departamento do ambiente pode decidir sobre a sanção financeira, cabendo ao governo local e central decidir se a empresa deve ser suspensa ou encerrada. Este artigo compromete a autoridade da lei e o poder e a responsabilidade dos serviços ambientais. Uma possível razão para atribuir o poder ao governo é que a gestão regular das empresas é muito importante para o funcionamento económico (Mol & Carter, 2006). Os governos sabem mais do que os serviços ambientais se a interrupção da produção da empresa afectaria ou não a economia e o emprego a nível local ou nacional. No entanto, esta visão apenas vê os ganhos económicos diretos da produção diária, mas não se apercebe da perda económica real da externalidade negativa da deterioração ambiental. Pior ainda, se uma ação poluente ilegal escapar à merecida punição em nome da consideração económica, outras acções ilegais podem fazer o mesmo. Quando a decisão tomada não tem base legal para ser obedecida e só pode ser determinada por funcionários governamentais, isso também só dá aos funcionários do governo local e central a possibilidade de corromper e procurar rendimentos (Bhatnagar , 2014).

Para além das lacunas da lei, os baixos custos ilegais levam algumas empresas e pessoas a optarem deliberadamente por infringir a lei. A China publicou e começou a aplicar a "Lei de Prevenção e Controlo da Poluição Atmosférica (Alteração)" em 2000. De acordo com a lei, a sanção financeira para todos os tipos de acções poluentes ilegais era comparativamente barata, a multa mínima era de 200 RMB (cerca de 30 dólares), enquanto a multa máxima era de apenas 500 000 RMB (cerca de 75 000 dólares). A maior parte das acções ilegais são apenas punidas com sanções administrativas e económicas, sendo que a sanção penal para as acções ilegais das empresas só funciona quando ocorre um acidente grave de poluição atmosférica" (Comité Permanente do Congresso Nacional do Povo da China, 2005). Simultaneamente, o Governo de Pequim elaborou o regulamento local de aplicação da lei. A lei e o regulamento de Pequim já estão em vigor há catorze anos. De 2000 a 2014, com base no regulamento, a sanção económica em Pequim era muito inferior à sanção económica nacional. A coima mínima em Pequim era de 100 RMB (cerca de 15 dólares), enquanto a coima máxima era de apenas 100 000 RMB (cerca de 15 000 dólares) (Congresso Popular Municipal de Pequim, 2000). No entanto, para alguns indivíduos e indústrias, uma sanção tão barata faz com que os seus ganhos ilegais com a poluição ultrapassem largamente as multas. Naturalmente, quando o custo ilegal é muito inferior aos ganhos ilegais, o homem económico pode optar por acções ilegais em vez de cumprir a lei. Além disso, podem escapar ao castigo utilizando as lacunas legais ou subornando os agentes quando a infração é detectada (Economy, 2003) (Freeman & Lu, 2008).

Os baixos custos ilegais, a aplicação pouco rigorosa da lei e a corrupção não só conduzem a mais emissões poluentes, como também podem gerar mais acções ilegais, tanto por parte dos agentes económicos como dos funcionários públicos. Pior ainda, o ambiente jurídico indesejável não pode orientar o mercado no sentido correto, mas pode induzir uma concorrência de mercado viciosa, que não só agrava a poluição ambiental, como também afecta o crescimento económico a longo prazo. Devido a esta circunstância, quando os agentes económicos podem obter lucros com a indulgência ambiental e sem punição, podem tentar negligenciar os custos ambientais e dedicar-se à espoliação ambiental. Consequentemente, podem não ter motivação para investir na eficiência energética e na investigação e desenvolvimento de tecnologias respeitadoras do ambiente. Por outro lado, os países desenvolvidos têm continuado a desenvolver e a utilizar tecnologias mais avançadas para melhorar a eficiência energética e reduzir os custos ambientais. Quando dois produtos semelhantes, um com um elevado custo de consumo de energia e de poluição ambiental, e outro com um custo muito inferior, o primeiro é menos competitivo. Além disso, a deterioração ambiental deve ser melhorada mais cedo ou mais tarde. Quando o problema ambiental se tornar demasiado grave e não puder ser negligenciado, será necessário um grande investimento para compensar a degradação ambiental e alterar o modo de produção tradicional. Se, até lá, ainda não existirem tecnologias actualizadas de poupança de energia para substituir as tecnologias tradicionais altamente poluentes, o ambiente de vida poderá ser muito indesejável para as pessoas levarem uma vida normal devido à poluição do ar e o crescimento económico estável poderá também ser afetado.

O agravamento da situação da poluição atmosférica e outros problemas ambientais não se verificaram apenas em Pequim, mas também noutras províncias e cidades da China. A fim de fazer face à grave poluição ambiental e de se orientar para o desenvolvimento sustentável, a "Lei da Proteção do Ambiente" foi alterada e publicada em 2014. A nova lei acrescenta uma responsabilidade legal rigorosa para as infracções ambientais, nomeadamente a multa terá em conta o custo de funcionamento das instalações de prevenção e controlo da poluição, as perdas diretas e os ganhos ilegais causados por essas violações. O governo central também exige que os governos locais cumpram objectivos ambientais rigorosos, em vez de se concentrarem apenas na realização de objectivos económicos. Nas leis, as novas disposições em matéria de responsabilidade reforçam a responsabilidade do governo na proteção do ambiente e estabelecem punições claras para os casos de poluição ilegal. Além disso, a nova lei acrescentou um novo capítulo - Divulgação de informações e participação pública - para incentivar o escrutínio e a participação do público na proteção do ambiente (Comissão Permanente do Congresso Nacional do Povo da China, 2014). A lei é mais exacta e rigorosa do que a anterior. O governo de Pequim também elabora planos de ação mais práticos para o ar limpo e adopta mais medidas para resolver os problemas de poluição atmosférica.

Obviamente, tanto o governo central como o governo municipal de Pequim querem utilizar leis melhores e quadros jurídicos fortes para travar a poluição atmosférica. A situação, que é pior, deverá ser melhorada se as leis e os regulamentos puderem ser efetivamente aplicados. Uma boa legislação e governação ambiental podem controlar a poluição e promover a proteção do ambiente, o que foi comprovado por muitos países desenvolvidos. Los Angeles e Londres também costumavam registar problemas de poluição atmosférica nas décadas de 1940 e 1950. Posteriormente, os governos dos EUA e do Reino Unido adoptaram uma série de leis e políticas ambientais para resolver o problema da poluição e obtiveram resultados notáveis. A tese analisará as leis e discutirá as implicações para o tratamento da poluição em Pequim.

4.2 Comparação do smog atmosférico de Los Angeles e Londres com a poluição atmosférica de Pequim

Durante a década de 1900, o rápido desenvolvimento de muitos países ocidentais foi principalmente alimentado pelo elevado consumo de carvão e outros tipos de combustíveis. E os estilos de vida comuns tornaram-se mais dependentes do consumo de energia, como a utilização de veículos, comboios e aviões movidos por combustão de combustível. Nessa altura, quando as tecnologias ecológicas ainda não tinham sido desenvolvidas, este modo de produção e estilo de vida de elevado consumo e poluição resultou em problemas de poluição atmosférica em muitos locais. Historicamente, a poluição atmosférica grave, que conduziu a muitas doenças e mortes, ocorreu em várias cidades dos primeiros países desenvolvidos, como no Vale do Mosa (Bélgica), Donora (EUA), Londres (Reino Unido), Los Angeles (EUA), Nova Iorque (EUA), etc. (Kretzschma, 2007).

Embora com caraterísticas meteorológicas e topográficas muito diferentes nestas áreas, um fator comum que causou o problema da poluição atmosférica foram as emissões produzidas pelo homem. E algumas poluições atmosféricas, como as que ocorreram em Los Angeles e Londres, eram bastante semelhantes às que se verificam atualmente em Pequim. A comparação do que aconteceu nos países em causa e o estudo da forma como esses países melhoraram a qualidade do ar podem constituir bons exemplos para Pequim resolver o problema da poluição atmosférica.

No início da década de 1940, Los Angeles (LA) registou um grave problema de smog atmosférico. O smog reduzia a visibilidade e as pessoas sentiam irritação nos olhos e na pele durante os dias de smog. O smog era intenso entre agosto e setembro, quando as condições meteorológicas eram de baixa humidade, menos vento e com inversão de temperatura (Schnelle & Brown, 2001, pp. 3-12). Após anos de investigação, os estudos científicos revelaram finalmente que o smog era causado pela oxidação fotoquímica dos hidrocarbonetos pelo ozono e NOX na atmosfera (ibid). Os muitos poluentes são poluentes secundários formados por reacções de oxidação. Os poluentes originais provêm principalmente dos hidrocarbonetos (ou COV) e dos NOX emitidos pelos veículos a motor, pelas queimadas e por outros processos industriais (Goklany, 1998). Os principais compostos químicos são o ozono, o azoto, os óxidos, os compostos orgânicos, o nitrito de peroxiacetilo (PAN), o monóxido de carbono, etc. (Schnelle & Brown, 2001, pp. 3-12). Para além disso, Los Angeles estava rodeada de montanhas e colinas, o que também dificultava a propagação dos contaminantes.

De todos os acidentes históricos de poluição atmosférica, o mais grave foi o grande smog de Londres de dezembro de 1952. Calculou-se que 3500 a 4000 pessoas morreram numa semana devido à poluição severa (Greater London Authority, 2002). Exceptuando o grande smog, de 1948 a 1963, o smog intenso foi sempre um problema grave em Londres, reduzindo muito a visibilidade e causando problemas brônquicos às pessoas. O smog tornou-se intenso durante o inverno, quando muitas pessoas queimavam carvão para se aquecerem. As más condições meteorológicas, tais como nevoeiro intenso, tempo calmo e afetado por anticiclones, contribuíam para dias de smog piores e mais longos (Greater London Authority, 2002) (Schnelle & Brown, 2001). Ao contrário da poluição atmosférica de Los Angeles, a causa do smog atmosférico de Londres na década de 1950 era há muito conhecida como sendo a combustão do carvão. O fumo e a fumaça, provenientes da combustão do carvão e misturados com a humidade do ar, criaram o smog londrino. Os componentes do smog eram compostos de enxofre, monóxido de carbono, partículas, etc. (Schnelle & Brown, 2001).

Comparando o smog atmosférico de Los Angeles e Londres com os dias de nevoeiro de Pequim, verifica-se que as emissões dos veículos e os poluentes da combustão do carvão, que costumavam provocar o smog atmosférico em Los Angeles e Londres, respetivamente, são agora a primeira e a segunda fontes de poluentes atmosféricos em Pequim. A caraterística topográfica de Pequim é em forma de U e rodeada de montanhas em três direcções. Esta caraterística é quase idêntica à de Los Angeles, o que é bastante adverso para a difusão de poluentes. Além disso, tal como em Los Angeles, o carácter topográfico do contentor retém todos os poluentes e, muito provavelmente, cria uma reação de oxidação para formar poluentes secundários. Por outro lado, o mau tempo, como a falta de vento, a elevada pressão atmosférica e a inversão da temperatura, é também uma condição meteorológica típica de Pequim, tal como em Los Angeles e Londres, o que aceleraria a reação de oxidação e agravaria os dias de neblina. Além disso, devido ao rápido desenvolvimento registado no século XX (th), tanto Los Angeles como Londres registaram uma expansão da cidade e um aumento da população. Assim, o aumento do número de pessoas levou a uma maior procura de consumo de energia e, consequentemente, à produção de mais emissões. Esta situação é a que Pequim vive atualmente. Los Angeles é uma cidade dispersa e o desenvolvimento dos transportes públicos foi fraco. Por conseguinte, o automóvel era o principal meio de transporte para os cidadãos e, nessa altura, provocava muitas emissões. Pequim é muito maior do que Los Angeles. Embora os transportes públicos se tenham desenvolvido ao mesmo tempo, cada vez mais pessoas querem ter o seu próprio carro. Assim, o aumento contínuo da população e dos veículos provocou muitas emissões e poluição.

A situação mais complexa em Pequim é que os poluentes são misturados a partir de mais tipos diferentes de emissões, o que torna a reação química ainda mais complicada. De acordo com os estudos, as principais fontes dos dias de neblina em Pequim são as emissões dos veículos a motor e a combustão de carvão. Los Angeles costumava envidar grandes esforços para reduzir as emissões dos veículos a motor e as emissões das combustões de combustíveis conexas a partir da década de 1950, enquanto Londres se concentrava principalmente na resolução do problema dos poluentes da combustão do carvão para resolver o problema do smog entre as décadas de 1950 e 1980. Tanto Los Angeles como Londres criaram as "Leis Ambientais" e as "Leis do Ar Limpo" para reduzir a poluição e orientar um mercado de produção normalizado no controlo das emissões. A melhoria da qualidade do ar mostra que as leis, a regulamentação e as medidas de controlo da poluição foram bastante eficazes. As lições e experiências anteriores, que os países desenvolvidos tiraram antes, podem fornecer implicações úteis para a China em matéria de redução da poluição.

4.3 Efeitos das leis no controlo do smog do ar de Los Angeles

Quando os primeiros episódios reconhecidos de smog ocorreram em Los Angeles, em 1943, os governos de Los Angeles e da Califórnia e o governo federal começaram a investigar o problema do smog atmosférico e a tentar resolvê-lo. A legislação ambiental tem sido uma das medidas mais importantes nos EUA para resolver os problemas ambientais. Desde a década de 1940 até à década de 2000, a qualidade do ar em Los Angeles e na Califórnia melhorou muito. De 1963 a 2010, o crescimento económico teve uma tendência crescente, enquanto os dias de smog na área, que excederam os alertas de smog de Fase 1 (média de ozono de 1 hora > 0,20 ppm), foram reduzidos de 118 dias em 1975 para 0 em 2000 (Fig. 13) (Gabinete de Análise Económica) (California Science Teacher, 2015). A maior parte dos poluentes responsáveis pelo smog em Los Angeles e na Califórnia provém das emissões dos veículos. Mas, na verdade, tanto a quantidade de população como a quantidade de veículos aumentaram de 7 milhões e 2,8 milhões, respetivamente, em 1940, para 34 milhões e 23,4 milhões em 2000. O total de milhas percorridas por veículos (VMT) aumentou de 24 mil milhões de milhas em 1940 para 280 mil milhões de milhas em 2000. No entanto, as emissões cumulativas de NOX e HCs dos veículos na Califórnia diminuíram de 1,6 milhões de toneladas em 1970 para 1,2 milhões de toneladas em 2000, apesar de um aumento de 170 mil milhões de milhas VMT (Air Resources Board, Califórnia, 2015). Embora a qualidade do ar em Los Angeles e na Califórnia ainda precise de ser melhorada devido ao elevado número de veículos e às actividades humanas intensivas, os dias de smog mais graves, que ameaçariam gravemente a saúde humana, já não existem.

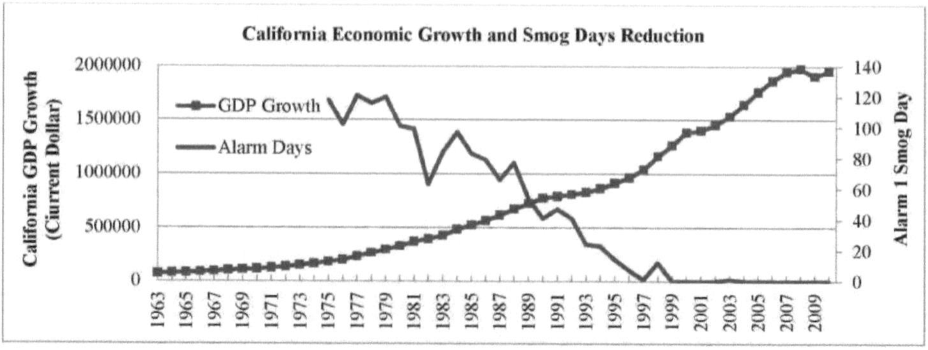

Fig. 13. Crescimento económico e dias de smog na Califórnia, EUA, de 1963 a 2009

Fontes: Gabinete de Análise Económica, Departamento de Comércio dos EUA. Base de dados. 2010, 2013; CST, Professor de Ciências da Califórnia. 2015. Alertas de smog (Fase 1) - Ozono, 1976-2010.

Numa perspetiva histórica, estes resultados não foram alcançados rapidamente. Uma vez que o smog em Los Angeles atraiu grande atenção pública e governamental, só na década de 1970 é que os governos foram capazes de especificar e quantificar os dias de alarme do smog e medir as melhorias da qualidade do ar. Foi preciso muito tempo para investigar o problema do smog, identificar as fontes de poluição, descobrir como resolvê-lo, iniciar medidas e estratégias, adaptar os planos e conseguir progressos um a um. Para o primeiro país desenvolvido, este tipo de smog atmosférico, especialmente o smog fotoquímico em Los Angeles, Califórnia, nunca tinha acontecido noutras áreas. Os EUA tiveram de descobrir e tentar resolver o problema através dos seus próprios estudos e investigações. O que é que levou o país a estudar e, finalmente, a resolver os problemas? Ao enumerar as legislações governamentais sobre o controlo da poluição atmosférica já existentes (Quadros 6 e 7), podemos constatar que a legislação nacional e local em matéria de ambiente e de poluição atmosférica desempenhou um papel importante na resolução do problema do smog.

A primeira fase para resolver o problema da poluição atmosférica consistiu em estudar o smog e identificar as suas causas. A partir de 1945, foram gradualmente criados em Los Angeles e na Califórnia os laboratórios de estudo da poluição, os Boards e as leis locais. Em 1947, Los Angeles e a Califórnia criaram o "Air Pollution Control Act" local e investiram na investigação científica para analisar o problema. Este facto promoveu os estudos científicos e descobriu o culpado do smog de Los Angeles: o ozono e a reação oxidante das emissões provenientes sobretudo dos veículos a motor e da combustão de combustíveis em 1952. Com a prova e o apoio científico sólidos, o governo da Califórnia tem-se concentrado em combater a poluição atmosférica através da redução das emissões dos veículos. Em 1955, foi promulgada a primeira lei nacional de controlo da poluição atmosférica (Air Pollution Control Act 1955). A sua principal função era proporcionar investigação e assistência técnica e incentivar uma melhor compreensão das causas e dos efeitos da poluição atmosférica (Air Resources Board, Califórnia, 2015). Do ponto de vista cronológico, pode ver-se claramente que as leis de poluição atmosférica da Califórnia promoveram o estudo científico para encontrar a causa do smog de Los Angeles (Tab. 7, 8). E os resultados científicos comprovados fornecem, mais uma vez, uma base legislativa mais científica e reforçam a legislação a nível federal (Tab. 6, 7, 8).

A nível nacional, a lei federal mais importante em matéria de controlo da poluição atmosférica - "Clean Air Act" - foi alterada várias vezes, em 1963, 1965, 1970, 1977 e 1990, respetivamente. De 1955 a 1965, devido à maior atenção dada ao controlo das emissões dos veículos, a lei foi alterada para clarificar as normas de emissão dos automóveis. A par de uma melhor compreensão do problema da poluição atmosférica, a "Emenda à Lei do Ar Limpo de 1970" constituiu as políticas básicas de controlo da poluição atmosférica dos EUA: definição de normas de qualidade do ar, normas de desempenho de novas fontes, normas de emissão e incentivo a cada Estado para que cumpra as normas (USL, 2014). As normas foram estabelecidas com base num objetivo de redução de 90% das emissões dos automóveis novos até 1975. Embora muitos estados não tenham conseguido cumprir os requisitos das várias normas, em 1977, o "Clean Air Act" foi alterado para resolver a questão e ajudar e garantir que os estados atingissem os objectivos ambientais. Em 1990, a poluição atmosférica tinha melhorado de tal forma que a lei planeou reduzir ainda mais as fontes de poluentes que poderiam ser libertadas no ar (USL, 2014) (Kenney & Gastman , 2012).

As normas que devem ser estabelecidas por lei baseiam-se em estudos científicos e no desenvolvimento tecnológico. Por exemplo, o "Clean Air Act" formula as normas de qualidade do ar de acordo com os critérios de proteção da saúde e do bem-estar públicos. O processo de elaboração inclui: planeamento, integração da avaliação científica, avaliação de riscos e avaliação política. Além disso, as normas podem ser alteradas ou adaptadas em função de novos estudos e apoios científicos (EPA, 2015). A norma de emissão não é feita apenas com base no desempenho da tecnologia, mas também precisa de considerar o custo das tecnologias disponíveis. Por conseguinte, a lei tenta promover o desenvolvimento técnico, estabelecendo desempenhos que poderão ser alcançados no futuro com base nas informações atualmente disponíveis (EPA, 2013). Esta avaliação de base científica prescrita pela lei garante a exequibilidade das normas e incentiva a inovação tecnológica em curso que pode reduzir as emissões e os custos de controlo.

A par de uma regulamentação mais rigorosa, registou-se uma série de avanços nas ciências e técnicas ambientais (Tab. 8). As novas tecnologias - Ventilação Positiva do Cárter (PVC), que podia reduzir as emissões dos veículos a motor, foram inventadas e adoptadas para utilização nos automóveis de passageiros em 1961 (Air Resources Board, Califórnia, 2015). Os conversores catalíticos melhorados foram inventados e postos em uso em meados da década de 1970. E a Volvo, a empresa automóvel sueca, introduziu carros sem fumo e vendeu-os no mercado dos EUA. Na década de 1990, a Califórnia, que mais se preocupava com as emissões dos automóveis e com o smog atmosférico nos Estados Unidos, produziu combustível e gasolina mais limpos, o que pode reduzir significativamente as emissões. Além disso, desde 1996, a gasolina da Califórnia tem sido o combustível mais limpo do mundo (ARB, 2008). Para além das técnicas avançadas de controlo das emissões automóveis, foram desenvolvidas e utilizadas muitas outras tecnologias para controlar a poluição, tais como os depuradores que controlam em grande medida as emissões de SO2 nas caldeiras, novas vedações de válvulas sofisticadas e equipamento de deteção de fugas para refinarias e instalações químicas, veículos híbridos, etc. (EPA, 2014).

Os efeitos das leis e das estratégias de controlo da poluição não se manifestam apenas na imposição de restrições e na aplicação de novas normas, mas também no reforço da investigação e do desenvolvimento técnico. São as leis e regulamentos rigorosos que levam o governo, as empresas e as agências de investigação a encontrar a solução para o problema do ar e a inventar tecnologias avançadas para melhorar o sistema de veículos altamente poluentes. Se dissermos que o desenvolvimento de tecnologias ajuda a resolver os muitos problemas ambientais, as leis são um dos factores mais importantes que impulsionam as invenções.

Ano	**Leis nacionais dos Estados Unidos em matéria de poluição atmosférica e principais objectivos das leis de 1945 a 2000**
1955	Lei Federal de Controlo da Poluição do Ar de 1955 - prevê a investigação e a assistência técnica e autoriza o Secretário da Saúde, Educação e Bem-Estar a compreender melhor as causas e os efeitos da poluição atmosférica.
1960	Lei Federal sobre Veículos a Motor de 1960

	- responsável pela investigação no domínio da poluição atmosférica causada por veículos a motor
1963	Lei Federal do Ar Limpo de 1963 - redução da poluição atmosférica proveniente de fontes fixas, como as centrais eléctricas e as siderurgias - deu poderes ao Secretário da Saúde, Educação e Bem-Estar federal para definir critérios de qualidade do ar com base em estudos científicos - concedeu subsídios aos distritos de controlo da poluição atmosférica estatais e locais.
1965	A Lei Federal do Ar Limpo de 1963 foi alterada pela Lei de Controlo da Poluição Atmosférica por Veículos a Motor de 1965 - regulamentação direta da poluição atmosférica pelo governo federal - o Departamento de Saúde, Educação e Bem-Estar foi incumbido de estabelecer normas para as emissões dos veículos automóveis.
1967	Lei Federal sobre a Qualidade do Ar de 1967 - estabeleceu um quadro para a definição de "regiões de controlo da qualidade do ar" com base em factores meteorológicos e topográficos da poluição atmosférica.
1970	Lei Nacional de Proteção do Ambiente Alterações à Lei Federal do Ar Limpo de 1970 - constituiu a principal fonte de autoridade legal para o controlo da poluição atmosférica. - estabeleceu o programa básico dos EUA para o controlo da poluição atmosférica. - A Agência de Proteção do Ambiente estabelece normas nacionais para a qualidade do ar, exigindo uma redução de 90% das emissões dos automóveis novos até 1975
1977	Alterações à Lei Federal do Ar Limpo de 1977 - ajudou os Estados que não estavam a atingir os objectivos nacionais de qualidade do ar em matéria de emissões automóveis a alcançar os seus objectivos iniciais. - evitou a deterioração da qualidade do ar em zonas onde o ar era anteriormente limpo. - instituiu a New Source Review (NSR), que exige que as empresas obtenham autorizações antes de modificarem o equipamento.
1990	Alterações à Lei Federal do Ar Limpo de 1990 - exige uma série de novos programas destinados a reduzir o ozono urbano, as chuvas ácidas rurais, o ozono estratosférico, as emissões de poluentes atmosféricos tóxicos e as emissões de veículos, e estabelece um novo sistema nacional uniforme de licenças.

Tab. 6. Leis de controlo da poluição atmosférica nos EUA de 1945 a 2000

Fonte: ARB, Califórnia, Conselho de Recursos Atmosféricos. 2015. Principais eventos na história da qualidade do ar na Califórnia.

Ano	Estratégias de Los Angeles (LA) e da Califórnia (CA) para o controlo da poluição atmosférica de 1945 a 2000
1947	CA - Lei sobre o controlo da poluição atmosférica. LA - Air Pollution Control District CA adoptou o sistema Ringelmann.

1950	O artigo 50.º-A do CA foi aprovado.
1955	Criação do Laboratório de Controlo da Poluição por Veículos a Motor de LA.
1959	O CA promulgou legislação que exige que o Departamento de Saúde Pública do Estado estabeleça normas de qualidade do ar e os controlos necessários para as emissões dos veículos a motor.
1960	Foi criada a Comissão de Controlo da Poluição dos Veículos a Motor. A sua principal função consistia em testar e certificar os dispositivos a instalar nos automóveis à venda na Califórnia.
1966	A CA Motor Vehicle Pollution Control Board adoptou as primeiras normas nacionais para as emissões de HC e CO pelo tubo de escape dos veículos automóveis.
1967	Foi criado o CA Air Resources Board (ARB) - fusão do CA Motor Vehicle Pollution Control Board e do Bureau of Air Sanitation e respetivo Laboratório.
1969	As normas de qualidade do ar foram estabelecidas pela nova ARB para o total de partículas em suspensão, oxidantes fotoquímicos, dióxido de enxofre, dióxido de azoto e monóxido de carbono.
1970	As queimadas em quintais foram proibidas em determinadas zonas da Califórnia.
1975	Foi criada a CA Air Pollution Control Officers Association.
1976	Foi criado o Distrito de Gestão da Qualidade do Ar da Costa Sul. O ARB limitou o chumbo na gasolina.
1984	Entrou em vigor o programa de controlo de combustível da Califórnia
1988	A ARB regulamentou que os veículos do modelo de 1994 deveriam estar equipados com sistemas de computador de bordo para monitorizar o desempenho das emissões e alertar os proprietários em caso de problema.
1990	O ARB aprovou normas para gasolina de combustão mais limpa e veículos com emissões baixas ou nulas.
1993	O ARB promulgou novas normas para um combustível diesel mais limpo
1994	Entrada em vigor do Smog Check II, concebido para cumprir os requisitos do Federal Clean Air Act, com a redação que lhe foi dada em 1990.
1996	Plano de execução estatal da Califórnia para o ozono.
1998	O ARB identificou as emissões de partículas diesel como um contaminante tóxico do ar e alterou os regulamentos relativos aos motores todo-o-terreno para cortadores de relva, aparadores de ervas daninhas e outras ferramentas eléctricas com motores pequenos.
1999	O ARB regulamentou a redução em mais de 70% das emissões formadoras de smog das latas de gás portáteis e aprovou um novo conjunto de regras para a gasolina que proibirá o aditivo MTBE (éter metil-terc-butílico).

Tab. 7. Estratégias de controlo da poluição atmosférica em Los Angeles e na Califórnia de 1945 a 2000

Fonte: ARB, Califórnia, Conselho de Recursos Atmosféricos. 2015. Principais eventos na história da qualidade do ar na Califórnia.

Ano	Desenvolvimento científico e tecnológico do controlo da poluição atmosférica de 1945 a 2000
1952	O Dr. Arie Haagen-Smit descobriu a natureza e as causas do smog fotoquímico em Los Angeles.
1961	A primeira tecnologia de controlo de emissões para automóveis - Ventilação Positiva do Cárter, foi exigida pelo Gabinete de Saneamento do Ar do Estado da Califórnia para controlar as emissões de hidrocarbonetos do cárter.

1963	O requisito de ventilação positiva do cárter de 1961 entrou em vigor nos veículos domésticos de passageiros à venda na Califórnia.
1975	Os primeiros conversores catalíticos bidireccionais foram utilizados no âmbito do Programa de Controlo de Emissões de Veículos a Motor da ARB.
1976	Em 1977, a Volvo introduziu o automóvel "Smog-Free", que tinha o primeiro catalisador de três vias para controlar as emissões de HC, NOx e CO.
1992	A Fase I da Gasolina de Queima Limpa da Califórnia (CBG) chegou ao mercado. A CBG resulta em menos 220 toneladas de gases orgânicos reactivos libertados todos os dias (redução de 6%) e na eliminação da utilização de chumbo na gasolina.
1993	O combustível da Califórnia chegou ao mercado.
1996	A Fase II da Gasolina de Queima Mais Limpa da Califórnia (CBG) chegou ao mercado. A CBG reduz o ozono nocivo para os pulmões e os precursores do ozono em 300 toneladas/dia, bem como os produtos químicos tóxicos transportados pelo ar, como o benzeno, que podem causar cancro. Isto é equivalente a retirar 3,5 milhões de carros da estrada. Os sete grandes fabricantes de automóveis comprometem-se a fabricar e vender veículos com emissões zero.

Tab. 8. Desenvolvimento científico e tecnológico do controlo da poluição atmosférica nos EUA de 1945 a 2000 Fonte: ARB, Califórnia, Air Resources Board. 2015. Principais eventos na história da qualidade do ar na Califórnia.

4.4 Efeitos da legislação sobre o controlo do smog atmosférico em Londres

O problema da poluição atmosférica causada pela queima de carvão no Reino Unido remonta ao século XVIIth . Com a rápida industrialização, o carvão passou a ser amplamente utilizado nas indústrias, caldeiras e lareiras domésticas. thNo século XVIII, o consumo de carvão em Londres cresceu em linha com o crescimento da população e, nalgumas zonas, mais rapidamente do que a taxa de crescimento da população (Brimblecombe, 2011). Mas até à década de 1950, o grande smog em Londres, que levou a graves impactos na saúde, despertou o público e os governos para começarem a abordar seriamente os problemas de poluição do ar em Londres e no Reino Unido. (POST, 2002).

Antes do Clean Air Act, havia várias legislações sobre o controlo da poluição do carvão pelas indústrias. Por volta da década de 1850, o Reino Unido aprovou o "Smoke Nuisance Abatement Act of 1853". Esta lei restringia a utilização de fornos industriais e barcos a vapor para controlar a poluição ou queimar coque em vez de carvão (Giussani, 1994). Regulamentos posteriores incluíram cláusulas de controlo do fumo separadamente nas "Leis Sanitárias" e na "Lei da Saúde Pública". Em 1882, o grupo de pressão para o controlo da poluição tinha demonstrado ao público a melhoria das instalações e do combustível sem fumo. Mas o público não tinha vontade de mudar o fogo aberto. Em 1947, influenciados pelos conselhos oficiais sobre combustíveis sem fumo, Londres e Manchester foram autorizadas por lei a criar zonas sem fumo. No entanto, os governos tomaram poucas medidas concretas a esse respeito (ibid). A ignorância das leis não vinha apenas das indústrias e dos governos, mas também dos agregados familiares, devido aos custos adicionais de mudança após a guerra. Assim, apesar de existirem leis e tecnologias disponíveis para o controlo da poluição, o fumo continuou a aumentar em Londres e no Reino Unido (ibid).

Após o grande smog de Londres, em 1952, a autoridade, liderada por Sir Hugh Beaver, começou a investigar seriamente as causas e os efeitos da poluição atmosférica e as medidas actuais. O "Relatório Beaver", centrado no smog londrino, mostrou que o fumo era provocado pelo fogo doméstico e pela queima de carvão nas indústrias, sugerindo o fornecimento de combustível sem fumo, a criação de zonas sem fumo e de áreas de controlo do fumo, e recomendando uma "Lei do Ar Limpo" (Greater London Authority, 2002). Depois, em 1956, o governo finalmente publicou a "Lei do Ar Limpo", que era uma lei única e abrangente e substituiu todas as anteriores legislações separadas sobre poluição atmosférica (Giussani, 1994).

Dado que a causa do smog atmosférico de Londres e do Reino Unido era simplesmente a combustão de carvão na década de 1950, a "Lei do Ar Limpo de 1956" centrou-se principalmente na limitação do fumo, da areia e das poeiras provenientes de processos domésticos, comerciais e industriais. As principais disposições e estratégias da "Lei do Ar Limpo de 1956" eram as seguintes (1) O fumo negro foi proibido em qualquer edifício. Tendo em conta o tempo de alteração e as limitações técnicas, foi concedido às indústrias um período de tolerância de sete anos. (2) Exigia-se que os grãos e as poeiras dos fornos fossem medidos, detidos e reduzidos ao mínimo, e que os novos fornos fossem concebidos e construídos, tanto quanto possível, sem fumo. (3) A altura das chaminés deve ser suficiente para evitar, na medida do possível, que o fumo, o pó, a areia e os gases se tornem perigosos ou incómodos para a saúde das pessoas. (4) As autoridades locais podem ser autorizadas a declarar a totalidade ou parte de zonas como zonas de controlo do fumo, onde só podem ser utilizados combustíveis sem fumo. É concedido apoio financeiro oficial às adaptações necessárias em habitações privadas para cumprir este requisito. (5) Foi criado um "Conselho do Ar Limpo" para analisar os progressos realizados na aplicação da lei e obter pareceres. (6) As autoridades locais eram responsáveis pela aplicação da lei e podiam contribuir para a investigação e a publicidade do problema da poluição atmosférica (HMSO, 2010) (Giussani, 1994).

A "Lei do Ar Limpo" foi prorrogada em 1968. O "Ato de 1968" introduziu o princípio básico da utilização de chaminés altas para a queima industrial de carvão, combustíveis líquidos ou gasosos. As chaminés mais altas poderiam ajudar a dispersão do dióxido de enxofre, que na altura era difícil de remover (Hare, Cresswell, Twigg, & Buchdahl, 2002). Além disso, a lei conferia ao ministro o poder de obrigar as autoridades locais a resolver os problemas do fumo doméstico (Giussani, 1994). Em 1993, as leis de 1956 e 1968 foram substituídas e consolidadas pela "Lei do Ar Limpo de 1993", na qual foram acrescentados mais regulamentos de controlo de poluentes relativos ao combustível para motores e ao combustível para óleos. Além disso, deu poderes às autoridades locais para delimitarem as áreas onde não deve haver fumo e só permitiu combustível com menos de 2% de teor de enxofre (Brimblecombe, 2007). Em 1995, o "Environment Act 1995" começou a exigir que o governo formulasse normas e objectivos nacionais de qualidade do ar para melhorar ainda mais a qualidade do ar no Reino Unido (Greater London Authority, 2002).

Os Actos foram bastante eficazes na melhoria da qualidade do ar em Londres e no Reino Unido nos seguintes aspectos: (1) redução significativa das emissões domésticas devido às zonas de controlo de fumos; (2) incentivo à utilização de combustíveis mais limpos, como o gás, a eletricidade e os combustíveis com baixo teor de enxofre; (3) chaminés elevadas nas centrais eléctricas e deslocalização das centrais para zonas rurais; (4) promoção do declínio das indústrias pesadas (Giussani, 1994) (Hare, Cresswell, Twigg, & Buchdahl, 2002). De entre estas, o papel da área de controlo do fumo é o mais notável. As medidas diminuíram consideravelmente o consumo de carvão e reduziram os fumos e as emissões. Embora o - Clean Air Act 1956 e 1968" não legislasse contra o enxofre, a redução da queima de carvão contribuiu para o declínio das emissões de enxofre ao mesmo tempo (ibid).

Em Londres, as autoridades locais aplicaram ativamente as leis e utilizaram o poder de delimitar zonas sem fumo. O bairro metropolitano de Holborn foi o primeiro do país a ser delimitado como zona de controlo do fumo, em 1962. Em 1969, a zona de controlo do fumo cobria mais de 60% das instalações e mais de 50% da área da Grande Londres (Greater London Authority, 2002). Acompanhado dos efeitos de outras medidas, da aplicação do - Clean Air Act 1993" e das normas de qualidade do ar posteriores, o fumo e o dióxido de enxofre diminuíram continuamente e a qualidade do ar em Londres melhorou muito (Fig. 14).

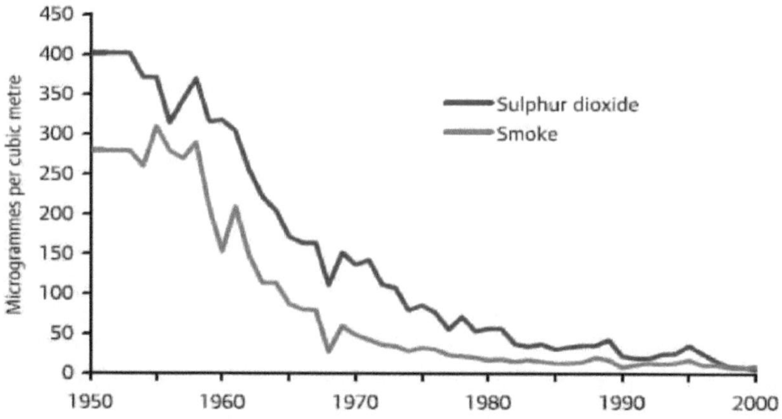

Fig. 14. Concentrações médias anuais de fumo e dióxido de enxofre em Londres de 1950 a 2000

Fontes: AEA Technology Environment 2002; Fifty years on-The struggle for air quality in London since the great smog of December 1952.

Além disso, os "Clean Air Acts" e as medidas de controlo da poluição atmosférica que se seguiram também contribuíram para as alterações da estrutura energética em Londres e no Reino Unido. Em 1952, o consumo de carvão constituía 61% das necessidades energéticas de Londres, dos quais 28% correspondiam à utilização na habitação. O carvão também era utilizado pelas centrais eléctricas para fornecer gás à cidade. Em 1965, foi descoberto gás natural em abundância no Mar do Norte, que começou a substituir o gás de carvão e a aumentar a transição da estrutura energética do carvão para combustíveis limpos. Com a disponibilidade de gás natural, Londres começou a converter as caldeiras e outros equipamentos urbanos para a utilização de gás natural (Greater London Authority, 2002). A partir da Fig. 15, verifica-se que o carvão deixou de ser utilizado em Londres por volta dos anos 90, o que contribuiu largamente para a melhoria da qualidade do ar.

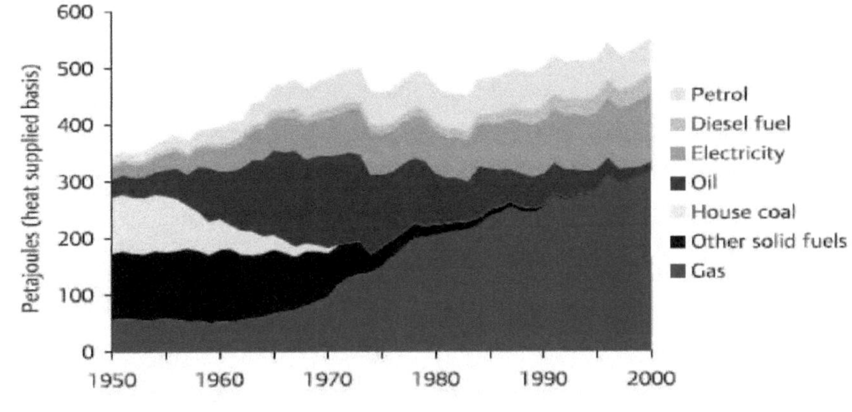

Fig. 15. Estrutura energética em Londres de 1950 a 2000.

Fontes: Greater London Authority, Fifty years on - The struggle for air quality in London since the great smog of December 1952 (Cinquenta anos depois - A luta pela qualidade do ar em Londres desde o grande smog de dezembro de 1952).

A nível nacional, em 1950, o carvão era o principal combustível no Reino Unido, representando 89,6% do consumo total de energia, enquanto outros eram 10% do petróleo e 0,4% da hidroeletricidade (Beynon, Cox, & Hudson, 1999). Após os "Clean Air Acts", a estrutura energética começou a transitar para quatro grandes combustíveis (Tab. 9). Ao entrar no século 21st , as energias limpas aumentam continuamente, como o gás, a bioenergia e os resíduos, e a eletricidade. No ano de 2013, o carvão e outros combustíveis sólidos representavam apenas 19,04% do consumo total de energia (DECC, 2014). Além disso, com a contribuição de técnicas de eficiência energética, o consumo total de combustíveis diminuiu em comparação com o nível da década de 1970.

	Combustível sólido	**Petróleo**	**Gás**	**Bioenergia e resíduos**	**Eletricidade**	**Total**
1970	99.0	92.4	11.3	-	7.4	210.1
1980	73.3	76.2	44.8	-	10.2	204.5
1990	67.0	77.2	51.2	0.7	17.7	213.7
2000	38.5	76.7	95.9	2.3	21.4	234.8
2010	32.7	70.2	93.6	6.9	15.3	218.7
2013	39.2	65.5	72.7	8.8	19.7	205.9

Tab. 9. Alterações na estrutura do consumo de energia no Reino Unido de 1970 a 2013 (milhões de toneladas de equivalente de petróleo (mtep)) Notas: Os combustíveis sólidos incluem: carvão, combustíveis sólidos manufacturados, benzol, alcatrão, gás de coqueria e gás de alto-forno. A eletricidade inclui: eletricidade produzida a partir de fontes nucleares, hídricas, eólicas e solares.

Fonte: Departamento de Energia e Alterações Climáticas - Análise secundária de dados do Digest of UK Energy Statistics.

2014.

Do ponto de vista económico, o PIB per capita no Reino Unido registou uma tendência crescente de 1950 a 2010 (Fig. 2). As recessões foram influenciadas pela Segunda Guerra Mundial, pelos aumentos acentuados dos preços do petróleo e pelas crises económicas, mais do que pelas acções de controlo da poluição atmosférica. A indústria do carvão no Reino Unido tem vindo a diminuir desde a aplicação do "Clean Air Act". Esta situação conduziu ao desemprego no sector mineiro. Mas os sectores de serviços em expansão e a economia de combustíveis mais limpos também criaram oportunidades de emprego ao mesmo tempo. Durante o último século, o Reino Unido sofreu uma adaptação da estrutura industrial, passando das indústrias pesadas para as indústrias de serviços, como a banca, os transportes, os serviços públicos, etc. (ONS, 2013). Em 1948, 45% dos trabalhadores estavam empregados nas indústrias transformadoras, que contribuíam com 42% para o PIB do Reino Unido (Jacqui, 2013). Em 2012, as pessoas que trabalhavam na produção diminuíram para 10% e a sua contribuição para o PIB foi de apenas 15% (ibid). Mas os empregados que trabalhavam no sector dos serviços aumentaram de 44% em 1948 para 85% em 2012 (ibid). E o sector dos serviços do Reino Unido representou 78% do PIB em 2012, contra 46% em 1948 (ibid). O sector dos serviços pode produzir muito mais crescimento económico do que a indústria transformadora tradicional. Por conseguinte, de um modo geral, a economia não foi afetada negativamente pelo declínio das indústrias do carvão e transformadoras.

Devido à falta de dados precisos sobre o PIB de Londres na década de 1950, a situação económica só pode ser estimada de acordo com a tendência do PIB do Reino Unido e outros dados relevantes, como o rendimento pessoal em Londres e a percentagem da contribuição do PIB de Londres para o PIB do Reino Unido. Na década de 1960, Londres também registou mudanças estruturais, passando de uma economia baseada em fábricas para uma economia baseada em escritórios. Durante a década de 1970, as taxas de desemprego em Londres eram relativamente elevadas em comparação com a década de 1960 e o final da década de 1980. No entanto, tal deveu-se mais à mudança estrutural das empresas do que ao impacto do controlo da poluição atmosférica e dos "Clean Air Acts" nas indústrias do carvão. Mas os rendimentos dos trabalhadores a tempo inteiro em Londres, em relação à Grã-Bretanha, variaram entre 111% e 140% de 1971 a 2007 (LSE, 2008). Este facto pode mostrar, em parte, que a economia de Londres durante este período se encontrava a um nível relativamente mais elevado do que o nível médio do Reino Unido. Desde o início da década de 1980, a economia de Londres tem vindo a crescer continuamente a um ritmo mais rápido do que a taxa de crescimento do Reino Unido. Londres, enquanto centro financeiro nacional e mundial, tem contribuído muito para o crescimento do PIB do Reino Unido. Entre 2007 e 2012, a economia de Londres cresceu 12,7% e a sua quota-parte na produção do Reino Unido aumentou de 20,7% para 21,9% (Rowley, 2013). Por conseguinte, pode mostrar-se que o crescimento económico em Londres também não foi afetado pelo controlo da poluição atmosférica e pela aplicação dos "Clean Air Acts".

A fim de reduzir o smog atmosférico, os "Clean Air Acts" trabalharam no sentido de reduzir diretamente o consumo de carvão em Londres e no Reino Unido, e promoveram a utilização de energias alternativas, incluindo o petróleo, o gás natural, a eletricidade e outras energias renováveis. O impacto dos "Clean Air Acts" foi acelerado pelo declínio das indústrias carboníferas, mas a redução da indústria foi também afetada por outras razões. Uma das razões é a debilidade da indústria carbonífera britânica, que já tinha perdido competitividade no mercado mundial do carvão devido aos elevados custos laborais e unitários no Reino Unido. Assim, quando o petróleo e o gás natural foram descobertos no Reino Unido, capazes de fornecer energias mais baratas e mais limpas, o carvão foi naturalmente substituído na economia do país (Pettinger , 2012).

Neste contexto, durante a década de 1960, em vez de destruírem as indústrias e a economia do Reino Unido, os "Clean Air Acts" contribuíram para a alternância estrutural do país. Promovidas pelas medidas de controlo da poluição atmosférica e pelas leis e regulamentos rigorosos, as indústrias foram pressionadas a encontrar, desenvolver e utilizar energias mais limpas e a continuar a aumentar a eficiência energética. Mesmo nas indústrias carboníferas em declínio, os elevados custos do carvão fizeram aumentar o preço dos produtos, o que também obrigou os intervenientes a melhorar a eficiência energética. Estas medidas aumentam em grande medida o crescimento económico, reduzindo os custos das indústrias e aumentando o desenvolvimento tecnológico. Além disso, a boa qualidade do ar proporciona um melhor ambiente de vida, diminui o custo dos impactos da poluição atmosférica na saúde e protege a saúde pública, o que pode ajudar as pessoas a trabalhar melhor e a dar um maior contributo para a sociedade.

5. Implicações das experiências anteriores

5.1 Dependência de trajetória no controlo da poluição atmosférica

Ao estudar a história do controlo da poluição atmosférica em Los Angeles e Londres, é evidente que os Clean Air Acts, as legislações ambientais e várias medidas contribuíram largamente para a melhoria da qualidade do ar. No entanto, a mudança demorou muito tempo. Os obstáculos ao controlo da poluição não foram apenas a falta de avanços tecnológicos, mas também a negação das emissões industriais por parte das indústrias, a negligência do governo e a falta de um forte apoio público ao controlo da poluição na fase inicial.

Em Los Angeles, na Califórnia, o fumo e os fumos industriais causaram a poluição do ar desde 1900 e agravaram a poluição devido ao aumento da base industrial durante a Segunda Guerra Mundial. Durante a década de 1940, a população da cidade e o boom automóvel acabaram por provocar o smog fotoquímico em 1943, altura em que a fonte de poluição atmosférica provinha não só dos fumos industriais, mas também das emissões dos veículos e das refinarias de petróleo. Embora a cidade de Los Angeles tenha começado a controlar a poluição atmosférica em 1943, as outras 45 cidades do condado de Los Angeles não tomaram medidas por falta de influência e de autoridade legislativa para controlar eficazmente a propagação regional do smog. Até que, em 1947, o condado criou um conselho para resolver o problema e aplicar a regulamentação relativa à poluição atmosférica, mas este conselho teve a oposição das empresas petrolíferas e da Câmara de Comércio. Além disso, quando os cientistas anunciaram pela primeira vez que a causa do smog era a elevada concentração de ozono provocada por uma reação fotoquímica resultante das emissões das refinarias de petróleo e dos veículos automóveis em 1952, os líderes empresariais negaram e defenderam que o ozono provinha da estratosfera e não da combustão do petróleo e dos automóveis (South Coast Air Quality Management District, 2014).

Um caso semelhante aconteceu também em Londres, no Reino Unido. [th]O fumo proveniente da indústria do carvão e as leis de controlo do fumo remontam aos anos 18-19 do século XX em Londres. Entre 1800 e 1900, o governo londrino aprovou o "Smoke Nuisance Bill" e os "Smoke Nuisance Abatement Acts", mas estes apenas restringiam o fumo das máquinas a vapor, das fábricas e das infra-estruturas públicas, apesar de se terem apercebido de que o fumo das habitações privadas também necessitava de regulamentação. E as leis não foram aprovadas facilmente, o que foi objeto de protestos por parte das indústrias produtoras de fumo. thApós séculos de esforços, o fumo do carvão industrial tinha sido controlado até certo ponto, a queima de carvão em casas particulares tinha-se tornado o principal poluente em Londres desde o final do século XIX. Mas o Conselho do Condado de Londres argumentou que o fogo aberto era uma parte importante da vida doméstica nacional que não podia ser abolida (Greater London Authority, 2002). Para além de ser ignorado pelo governo, o público também não estava disposto a mudar o fogo aberto, apesar de conhecer as tecnologias disponíveis. Por conseguinte, limitaram-se a ser coniventes com o smog atmosférico que assombrou Londres durante mais cinquenta anos, até ao episódio do smog em 1952. (Greater London Authority, 2002)

Os casos de controlo tardio da poluição nos EUA e no Reino Unido revelam uma caraterística distinta de dependência da trajetória na mudança institucional. Os primeiros países desenvolvidos optaram pelo processo de industrialização impulsionado pelo carvão e pelo petróleo e pelo sistema altamente poluente que, na altura, era restringido por conhecimentos e tecnologias limitados. thDesde o século XIX, a industrialização proporcionou um crescimento económico rápido e uma melhoria do nível de vida nos EUA, no Reino Unido e noutros países desenvolvidos. Embora a poluição atmosférica tenha surgido muito mais cedo do que os graves episódios de smog, a grande escala económica e a instituição construída com base na industrialização tradicional impediram a motivação das empresas e do governo para escolher ou desenvolver uma nova forma óptima e construir um novo equilíbrio. Beneficiando do desenvolvimento anterior, mesmo o público dos EUA e do Reino Unido também se inclinava a suportar a poluição se não houvesse os graves impactos na saúde revelados pelos episódios de smog nas décadas de 1940 e 1950.

Os acontecimentos históricos de poluição, como os acidentes de smog em Los Angeles e Londres, sensibilizaram os residentes e os políticos das duas cidades para o problema e também influenciaram os dois países a encontrar formas alternativas de industrialização. Alertado pelos acidentes de smog e pressionado pela opinião pública, o governo decidiu investigar a causa do smog e, em seguida, legislou contra a poluição. As novas regras relativas à proteção do ambiente foram gradualmente estabelecidas por legislação progressiva e promoveram a mudança das normas sociais desde essa altura. As decisões tomadas nessa altura criaram um novo caminho que determinou a atual instituição de proteção do ambiente nos EUA, no Reino Unido e noutros países desenvolvidos. Daqui se pode concluir que a dependência da trajetória pode impedir a mudança institucional para um modo melhor, mas também pode contribuir para a mudança da instituição no sentido da sustentabilidade. Durante a conjuntura crítica, tal como após os eventos perigosos de smog, as decisões de identificar a fonte de poluição e reduzir as emissões, tomadas pelo governo e pelo público, moldaram as legislações ambientais posteriores e orientaram a mudança das normas sociais para instituições económicas respeitadoras do ambiente nas décadas seguintes. Entre todas as condições de mudança institucional, a legislação desempenha um papel importante na elaboração das regras que orientam as pessoas, as indústrias, as empresas e os governos nas suas escolhas que acabam por formar as normas, o desenvolvimento da tecnologia e da economia e a sociedade.

A China enfrenta atualmente o momento crítico de reduzir a poluição. Tanto os inquéritos nacionais como internacionais mostraram que a poluição atmosférica e outros problemas ambientais afectaram gravemente a saúde humana e causaram grandes perdas económicas (Banco Mundial; Administração Estatal de Proteção Ambiental, R. P. China, 2007) (PNUA, 2014). À semelhança do que aconteceu no passado nos países desenvolvidos, o atual âmbito económico da China está altamente dependente do sistema tradicional altamente poluente, como o elevado consumo de carvão e petróleo, que já causou o bloqueio das indústrias e instituições. Esta situação tem impedido a mudança estrutural na China e a transição institucional para a sustentabilidade. As decisões que os governos tomarem agora determinarão as futuras instituições, a legislação, o modo de crescimento económico, o desenvolvimento sustentável e o ambiente de vida da população chinesa.

A China também tenta utilizar legislação rigorosa para resolver o problema da poluição atmosférica. As leis funcionariam eficazmente na contenção da poluição com base na experiência de países anteriores, embora possam não atingir o objetivo se não puderem ser aplicadas. É de notar que as leis de controlo da poluição atmosférica foram adoptadas na China desde a década de 1980, mas a situação da poluição não parou, tendo-se agravado até agora. Em Londres, também se verificaram casos semelhantes, embora com leis de controlo do fumo, o smog atmosférico foi-se tornando cada vez mais pesado ao longo do tempo, porque as leis da altura não eram eficazes ou não eram aplicadas na realidade. Por conseguinte, a partir da análise de casos passados, pode concluir-se que: para reduzir as emissões, a legislação de controlo da poluição atmosférica e a sua aplicação devem promover a eficiência energética, o desenvolvimento da ciência e da tecnologia, as energias renováveis e a realização de transacções económicas que tenham em conta os custos ambientais. Estes são os componentes-chave que podem tornar a redução das emissões económica, tecnológica e institucionalmente disponível.

5.2 Legislação em matéria de controlo da poluição

5.2.1 Dependência da via jurídica

Do mesmo modo, a dependência da trajetória também existe na legislação. As leis e os regulamentos são regras institucionais formais com uma caraterística aparente de estabilidade e previsibilidade, de modo que as pessoas podem confiar e obedecer às regras para tomar decisões e prever as consequências das suas acções. As regras do passado conduziram à atual instituição social e ao modo de funcionamento da economia, enquanto as regras do presente irão enquadrar as futuras regras do jogo. Com a inércia das regras estabelecidas no passado, a transformação das regras formais não é fácil. Especialmente quando o desenvolvimento social e económico atual foi construído e ainda beneficia das regras anteriores. Por exemplo, as fábricas altamente poluentes continuariam a lucrar se pudessem escapar sem ter em conta os custos ambientais ou se os custos ilegais fossem baixos. Embora haja sinais de que não foram as melhores para elas e para a sociedade, os grupos de interesses instalados, que costumavam investir muito nelas, tendem a mantê-las e a beneficiar mais delas, em vez de as alterarem espontânea e ativamente. Tal como foi demonstrado na história do controlo da poluição nos EUA e no Reino Unido, os sectores da indústria e do comércio protestaram habitualmente contra as novas leis de controlo da poluição atmosférica e os governos tentaram negar e ignorar o problema. Além disso, o sistema jurídico ambiental pouco rigoroso e o espaço deixado à corrupção podem causar corrupção burocrática, o que pode impedir ainda mais a capacidade de elaborar leis ambientais avançadas e criar um círculo vicioso entre o ambiente e as instituições. Estes factores dificultaram o ritmo de controlo da poluição, a legislação ambiental e a aplicação de leis ambientais rigorosas, o que resultou na eclosão de episódios de smog.

thPor exemplo, as leis de controlo do fumo foram elaboradas durante o século XIX em Londres, mas os artigos apenas regulavam as fábricas e não os particulares. A lei federal de controlo da poluição atmosférica foi lançada pela primeira vez nos EUA na década de 1950, mas até meados da década de 1970 os dias de alerta de smog ainda representavam um terço do ano. Só em 1975 é que a qualidade do ar começou a melhorar significativamente, quando a norma de qualidade do ar foi exigida pelo "National Environment Protection Act" e os objectivos de redução das emissões foram fixados pelos governos em 1970. Também nos países desenvolvidos existiam regulamentos pouco rigorosos, que podiam ser limitados pela indulgência deliberada do governo e das empresas, ou pelas limitações da tecnologia e dos custos económicos. O progresso no controlo da poluição atmosférica foi mais influenciado pelas leis e normas melhoradas e mais rigorosas, como o "Clean Air Act 1956" no Reino Unido, e o "Environment Protection Act" e o "Clean Air Act 1967" nos EUA.

Na China, as leis ambientais foram inicialmente publicadas em 1979, tendo sido gradualmente alteradas e formulado o sistema jurídico de proteção ambiental ao longo das décadas seguintes. No entanto, muitos casos mostram que alguns intervenientes utilizaram as lacunas das leis ambientais anteriores e subornaram os funcionários do governo para escapar à responsabilidade pela proteção do ambiente (Xinhua, 2015) (Bhatnagar , 2014). Mesmo as empresas públicas não são muito activas na mudança e ajustamento do sistema poluente quando confrontadas com conflitos de interesses. Os governos, habituados a colocar o objetivo de crescimento económico em primeiro lugar, também se entregaram à poluição e ignoraram os custos ambientais durante muitos anos, apesar de a poluição se ter manifestado no início da década de 1980. Estes factores dificultaram a aplicação das leis anteriores e a elaboração de leis mais rigorosas, o que conduziu à situação atual de elevada poluição na China. Até que, em 2014, foram publicadas uma "Lei de Proteção Ambiental" reformada e rigorosa e a "Lei de Controlo da Poluição Atmosférica" alterada. Estas leis influenciariam as regras, o modo económico e as instituições sociais hoje e no futuro. No entanto, os efeitos das leis e a aplicação das mesmas ainda precisam de tempo para serem avaliados pela situação real de melhoria da qualidade do ar no futuro.

5.2.2 Legislação Promoção do desenvolvimento tecnológico e económico

A legislação, enquanto regra formal mais importante no quadro institucional, formula a regra do jogo para as actividades económicas e sociais. A partir dos casos de poluição do passado, podemos constatar que: quando não havia legislação de controlo da poluição atmosférica ou esta era pouco rigorosa, a produção e o funcionamento económico baseavam-se em concepções e tecnologias que não tinham em conta as externalidades ambientais. O facto de se tratar de regras formais pode dar às indústrias uma desculpa justificada para negligenciarem os custos ambientais e ignorarem as medidas de controlo da poluição. Quando a legislação começou a contabilizar os custos da poluição e a apresentar regulamentos e normas de redução das emissões, a instituição económica começou a mudar para uma nova forma de respeito pelo ambiente nos países desenvolvidos. Consequentemente, os actores têm de tomar as suas decisões de acordo com as novas regras e ter em conta os custos ambientais. Este facto motivou as indústrias e as empresas a reconsiderarem a produção e o design para satisfazerem os requisitos ambientais e obterem lucros.

Por exemplo, nos EUA, quando os cientistas revelaram que a culpa do smog atmosférico provinha das emissões das refinarias de petróleo e dos veículos automóveis, estas empresas começaram por tentar negar. No entanto, como os resultados científicos seguintes provaram o facto e o governo legislou contra as emissões dos automóveis, estas empresas reagiram e começaram a investigar tecnologias avançadas que pudessem reduzir as emissões. Assim, as tecnologias verdes foram sendo inventadas gradualmente. Por exemplo, a General Motors (GM) inventou o primeiro dispositivo de emissão de veículos na indústria automóvel - a válvula de ventilação positiva do cárter, que foi exigida por lei em todos os automóveis de passageiros vendidos na Califórnia em 1963. Em 1975, o conversor catalítico bidirecional foi inventado e utilizado nos EUA. Em 1976, a Volvo desenvolveu automóveis sem poluição atmosférica com o conversor catalítico que pode controlar as emissões de HC, NOX e CO. Desde a década de 1990, a Califórnia produziu e colocou no mercado a gasolina mais limpa, que pode reduzir largamente os poluentes tóxicos no combustível. Entre 1970 e 2000, os dias de alerta de smog em Los Angeles, Califórnia, passaram de mais de 100 dias para 0. Este facto foi significativamente atribuído às tecnologias de controlo das emissões, que tornaram a redução das emissões praticamente viável. As leis e regulamentos de controlo da poluição promoveram os avanços tecnológicos e a aplicação da utilização de tecnologias avançadas. E as tecnologias melhoradas e a diminuição dos custos de aplicação destas técnicas permitiram ao governo estabelecer normas de qualidade do ar mais elevadas e atingir os objectivos, pelo que o ar se tornou cada vez mais limpo.

Em Londres, por iniciativa da aplicação do "Clean Air Act 1956", o fumo e a

A poluição por enxofre tem vindo a diminuir continuamente. As tecnologias de ajustamento da fornalha para reduzir o fumo tinham sido desenvolvidas no Reino Unido há muito tempo, pelo que não existiam muitos obstáculos técnicos. Mas a aplicação da lei significava que as tecnologias podiam ser utilizadas em casas particulares. De acordo com a lei, a alteração de fornos em habitações privadas era apoiada financeiramente pelo governo. Isto resolveu os problemas económicos do público. Relativamente à redução do consumo de carvão, foi uma sorte o Reino Unido ter descoberto o gás natural e ter tornado possível a substituição do vapor a carvão. No entanto, foi a regra da zona sem fumo que incentivou as indústrias a utilizarem energias mais limpas, como o gás, o petróleo e a eletricidade. A estrutura energética em mutação também levou as indústrias do carvão a desenvolver tecnologias de controlo das emissões e a aumentar a eficiência tanto na produção como na utilização do carvão, a fim de sobreviverem na intensa concorrência do mercado. No entanto, o carvão deixou de ser utilizado em Londres durante a década de 1990. Além disso, a alteração da estrutura energética estimulou Londres a desenvolver indústrias terciárias, como a financeira e a turística, que não necessitam de um elevado consumo de energia.

Gradualmente, influenciadas pelo rigoroso sistema jurídico ambiental, as instituições sociais e económicas dos EUA e do Reino Unido mudaram do elevado consumo de energia e da poluição para uma estrutura sustentável impulsionada pela poupança de energia e pela energia verde. Olhando para trás, para a situação de desenvolvimento das últimas décadas nos EUA e no Reino Unido, verifica-se que o crescimento económico tem tido uma tendência crescente, a qualidade do ar e outros problemas ambientais melhoraram e o bem-estar social também melhorou. Atualmente, o crescimento económico já não depende das indústrias e da manufatura altamente poluentes, mas foi criado pela eficiência energética para poupar custos e pela alta tecnologia incorporada na produção e nos serviços. A luta contra a poluição atmosférica não impediu o crescimento económico. Pelo contrário, promove a investigação e o desenvolvimento societais e a inovação tecnológica, que tornam a produção altamente competitiva nos mercados globais. A mudança institucional económica do desenvolvimento industrializado tradicional para o atual desenvolvimento sustentável é motivada por vários factores, tais como a mudança das regras, os avanços tecnológicos, as mudanças de atitude do público, o mecanismo de preços, as influências do mercado global, etc. Um dos factores, a forte legislação ambiental e a sua aplicação, desempenham um papel importante para incentivar as empresas a inovar e pressionar o governo a encontrar uma solução melhor.

A China está a tentar elaborar uma legislação rigorosa para combater a poluição atmosférica. Em comparação com as leis ambientais anteriores, a lei de proteção ambiental mais rigorosa e as leis de controlo da poluição atmosférica são rigorosas em termos de multas ilegais e de penalização dos danos causados pela poluição, bem como em termos de responsabilidade do governo para fazer cumprir a lei e atingir os objectivos ambientais. Com base nas leis, os governos central e local elaboram os "Planos de Ação para o Ar Limpo" e estabelecem objectivos ambientais específicos por etapas. Este tipo de sistema jurídico é semelhante ao da legislação ambiental dos EUA e do Reino Unido. Também à semelhança do sistema jurídico da maioria dos países, a função básica da legislação é estabelecer o código de conduta para orientar o comportamento e estabelecer a punição para dissuadir a infração ilegal. Os castigos severos previstos nas leis ambientais rigorosas funcionam como um forte dissuasor para travar diretamente as emissões das indústrias, ao passo que a rigorosa fiabilidade para com o governo leva os governos a aplicar as leis. No entanto, os efeitos da legislação não se limitam a impedir ou encerrar as fábricas poluentes, mas sublinham também o papel da promoção da inovação institucional e tecnológica.

A partir dos casos dos EUA, pode ver-se que os EUA conseguiram melhorar a qualidade do ar, em grande medida, purificando o combustível e desenvolvendo tecnologias ecológicas para reduzir as emissões dos veículos. As consequências foram as seguintes: a venda e a utilização de veículos aumentaram, enquanto as emissões totais e o smog diminuíram. Este facto não prejudicou as indústrias, mas antes as reforçou, desenvolvendo-se de uma forma ecológica e sustentável. Enquanto no Reino Unido, as mudanças são mais fundamentais para uma mudança institucional estrutural e económica no domínio da energia, através da redução significativa do consumo de carvão e da utilização de energia comparativamente limpa, e do desenvolvimento da indústria terciária para substituir as indústrias primárias e a indústria transformadora. Como a indústria do carvão diminuiu, foram desenvolvidas outras indústrias para apoiar o crescimento económico. É em parte por isso que o seu crescimento económico não foi prejudicado pelas acções de controlo da poluição.

Por conseguinte, os casos supramencionados de controlo da poluição atmosférica nos países desenvolvidos podem ensinar aos governos de Pequim e da China uma importante implicação: a eficácia da legislação ambiental no controlo da poluição provocaria a redução direta das emissões, a melhoria da qualidade do ar e, mais importante ainda, a promoção do desenvolvimento de técnicas ecológicas e a transformação institucional económica respeitadora do ambiente. A legislação pode criar novas regras para ter em conta os custos ambientais e impor fortemente as regras formais a nível institucional, a governação e as actividades macro e microeconómicas. E, sob requisitos de normas ambientais mais elevados e punições severas, os governos e as indústrias serão motivados a investigar, inventar e encontrar melhores soluções.

5.2.3 A legislação científica torna viável o controlo da poluição

Da análise e discussão supra, pode concluir-se que a legislação de controlo da poluição pode reduzir as emissões e impulsionar uma mudança institucional sustentável. No entanto, as leis e os regulamentos também necessitam de uma aplicação eficaz para que possam realmente funcionar nas actividades económicas e na sociedade. A aplicação governamental é importante, ao passo que a viabilidade da legislação é também crucial para a sua aplicação efectiva.

Tanto as leis e normas de controlo da poluição nos EUA como no Reino Unido baseiam-se em estudos científicos sobre os impactos na saúde e nas tecnologias que podem ser aplicadas e melhoradas. Nos EUA, os processos de elaboração das "Clean Air Acts" foram e são: planeamento, integração da avaliação científica, avaliação dos riscos e avaliação política. A definição das normas de emissão deve ter em conta o desempenho tecnológico e os custos das tecnologias disponíveis. Os efeitos das leis também precisam de ser avaliados e a lei pode ser alterada com base na avaliação. Por exemplo, quando o governo federal constatou que muitos estados não cumpriam as normas de qualidade do ar propostas no "Clean Air Act 1970". A lei foi modificada em 1977 e regulamentada para ajudar os Estados a atingirem os objectivos originais (Kenney & Gastman , 2012). Em Londres, o -Clean Air Act 1956" considerou a necessidade urgente de mudar os equipamentos de fumo privados e decidiu subsidiar as taxas. Considerando a limitação do problema tecnológico, a lei estipulou um "período de carência de sete anos" para a substituição dos dispositivos de fumo. A lei estipula *que "foram utilizados os melhores meios praticáveis para evitar ou minimizar a emissão de fumo negro"* e explica ainda que "praticável" é *"razoavelmente praticável tendo em conta, entre outras coisas, as condições e circunstâncias locais, as implicações financeiras e o estado atual dos conhecimentos técnicos, e 'meios praticáveis' inclui o fornecimento e a manutenção de instalações e a sua utilização adequada"* (HMSO, Clean Air Act 1956, 2010, pp. 15, 26). Além disso, tanto os Estados Unidos como o Reino Unido elaboraram uma lei para incentivar os estudos científicos sobre as causas e os efeitos do smog atmosférico, promover o desenvolvimento tecnológico e designar que o governo tem a responsabilidade de educar e sensibilizar o público para esta questão.

Esta legislação de base científica garante que as leis e regulamentos podem ser adoptados na realidade e pode fazer avançar o progresso das medidas de controlo da poluição atmosférica. Este tipo de medida legislativa deve ser aprendido pela China. A "Lei de Proteção do

Ambiente" alterada e o projeto de versão melhorada da "Lei de Prevenção e Controlo da Poluição Atmosférica" na China revelam algumas melhorias nas disposições. Em princípio, a lei estabelece que a redução das emissões depende do desenvolvimento tecnológico e incentiva a investigação científica e técnica. A "Lei de Proteção do Ambiente" acrescentou mais cláusulas sobre este assunto, tais como a elaboração de políticas económicas e tecnológicas que devem ter em conta os impactos no ambiente, o estabelecimento de normas nacionais para a qualidade do ambiente, etc. Uma vez que a aplicação efectiva das leis sempre foi um problema para a China, a nova lei reforça a responsabilidade do governo através da adoção de objectivos de proteção ambiental com um sistema de responsabilização e de avaliação do desempenho. Além disso, a lei confere ao público o direito de supervisionar e participar nas actividades de proteção do ambiente. (Comité Permanente do Congresso Nacional do Povo da China, 2014)

Estes artigos são razoáveis, mais rigorosos e melhorados em certa medida, mas os efeitos reais devem ser avaliados de acordo com o controlo da poluição e outras situações de melhoria ambiental. Se a legislação tiver de ser reforçada nalgumas partes com base na evolução das condições, deve ser ajustada. A lei britânica "Clean Air Acts" só foi alterada duas vezes desde 1956, porque a lei tem funcionado eficazmente na redução das emissões. Nos Estados Unidos, a lei "Clean Air Acts" foi alterada várias vezes desde 1955, sendo os anos de alteração 1963, 1965, 1970, 1977 e 1990, respetivamente. Uma vez que a poluição registou uma redução significativa na década de 1970, o governo teve de alterar a lei várias vezes para a tornar eficaz. Uma das melhorias importantes foi a definição de normas de qualidade do ar e a criação de um sistema de medição e controlo da poluição. Em 1971, foram estabelecidas nos EUA as normas nacionais de qualidade do ar ambiente para vários poluentes. Desde então, a qualidade do ar e o nível de melhoria da qualidade do ar podem ser claramente medidos. O sistema de controlo ajudou a testar a eficácia das leis de controlo da poluição. Por conseguinte, os sistemas de controlo científico e a avaliação da eficácia da legislação são importantes. Estes podem ajudar a encontrar os pontos fracos ou as lacunas da legislação e os problemas que impedem a sua aplicação, bem como a melhorar a legislação e as medidas de controlo da poluição.

5.3 Sensibilização do público para o controlo da poluição

A transformação das regras formais das instituições, como a reforma jurídica, pode influenciar a mudança das regras informais, como as normas sociais, a atitude pública, etc.

Por outro lado, as regras informais também podem exercer um impacto na mudança institucional, que pode ser um obstáculo ou uma promoção. Por exemplo, nos EUA e no Reino Unido, antes dos graves acidentes de smog, o problema do smog atmosférico assombrava o céu de Los Angeles e Londres há muitos anos. A maioria das pessoas queixava-se, mas tinha de tolerar o mau tempo. Até que, nas décadas de 1940 e 1950, o smog causou uma grave morbilidade e mortalidade, e as pessoas indignadas começaram a pressionar o governo para resolver o problema. A partir dessa altura, a investigação científica começou a centrar-se mais nas causas da poluição atmosférica e nos impactos da poluição na saúde humana. Os resultados científicos foram publicados no meio académico, bem como em jornais e revistas científicas populares. Com base nas leis, uma das responsabilidades da autoridade era permitir o acesso do público ao conhecimento. Por conseguinte, cada vez mais pessoas tinham conhecimento da causa do smog, dos perigos da poluição e dos conhecimentos conexos. A sensibilização e a influência do público, em certa medida, levaram o governo a elaborar e a aplicar as leis e os regulamentos de controlo da poluição atmosférica.

No entanto, nestes casos, a principal força motriz foi o efeito mortífero dos episódios de smog intenso, que fez com que as pessoas se sentissem desconfortáveis por viverem num ambiente poluído e se decidissem a lutar contra a poluição. Mas quando a qualidade do ar se deteriorou a um nível tão grave, o controlo da poluição tornou-se urgente e difícil. Como a relação de interdependência entre o âmbito económico e o sistema poluente estava tão intimamente ligada, isso tornou a mudança muito difícil. Quando o antigo modo económico ainda consegue gerar um feedback positivo para manter o crescimento económico apesar da poluição, as indústrias e o público podem resistir ou mudar apenas em pequena parte. Além disso, quando as concentrações de poluentes são tão elevadas, é muito mais difícil melhorar a qualidade do ar. Como é o caso de Pequim, a complexa reação química das duas principais emissões de veículos e carvão tornou o controlo da poluição muito mais difícil do que o controlo do smog de Los Angeles e Londres.

Uma ampla sensibilização do público para as questões da poluição pode promover os países a evitar que a qualidade do ar se deteriore seriamente e contribuir para resolver o problema ambiental numa fase precoce. Muitos países europeus beneficiaram do controlo da poluição numa fase precoce a partir do final da década de 1960 e da década de 1970. Devido aos acidentes mortais provocados pelo smog nos EUA, no Reino Unido e noutros países, o público na América e na Europa começou a prestar cada vez mais atenção à poluição atmosférica e às questões ambientais. Além disso, o livro "primavera Silenciosa", publicado em 1962 nos EUA, deu origem a um movimento ambiental generalizado nos EUA e na Europa (McKie , 2012). Muitos países europeus, embora não tenham sofrido o grave smog atmosférico, também criaram agências de proteção ambiental. A Suécia foi o primeiro país a fundar a "Agência de Proteção Ambiental" em 1967, devido à ampla discussão democrática sobre questões de poluição no público e no parlamento e às provas científicas relacionadas com a poluição (Lars, 2011). Começaram a investigar questões ambientais, a medir as emissões e a poluição existentes e a tentar controlar a poluição ambiental numa fase inicial. A situação da poluição e as fontes poluentes são diferentes em cada país. Estes países definem as suas estratégias e medidas de redução das emissões com base nas suas condições. Por exemplo, na Suécia, as emissões suecas foram reduzidas em 97% de 1970 a 2010 através de poupanças de energia, reinvestimentos na indústria, substituição de combustíveis fósseis por energias renováveis. A Alemanha Ocidental adoptou medidas de dessulfuração dos gases de combustão para resolver o problema das chuvas ácidas por volta de 1980, o que permitiu reduzir as emissões anuais em 2 milhões de toneladas entre 1980 e 1990. Em 1979, 51 partes na Europa assinaram a Convenção sobre a Poluição Atmosférica Transfronteiriça a Longa Distância, que abrange os poluentes SO_2, NOX, COV, NH_3, PM, etc. A convenção baseia-se em resultados científicos e as políticas adoptadas estão em estreita interação com a ciência. De 1980 a 2010, as emissões de SO_2, NOX e NH3 diminuíram consideravelmente na Europa. (Grennfelt, 2013)

Na China, o smog atmosférico tem vindo a agravar-se com o processo de industrialização acelerada. Quando os dias de neblina em Pequim atingiram cerca de 100 dias em 2011 e continuaram a aumentar, o problema suscitou o descontentamento do povo chinês e atraiu a atenção do público e da comunidade internacional. Cada vez mais meios de comunicação social noticiaram a poluição atmosférica e outras questões ambientais na China. Consequentemente, o governo de Pequim elaborou o "Plano de Ação para o Ar Limpo" em 2011. Em 2014, foi publicada na China a "Lei de Proteção Ambiental" melhorada. Obviamente, o aumento da sensibilização e da atenção do público para esta questão levou o governo a tomar medidas e acções.

Além disso, as atitudes e a participação do público podem contribuir com propostas construtivas e melhorar a alteração das leis. Em 2013, um projeto de "Lei de Proteção do Ambiente" previa que apenas uma organização denominada "Federação do Ambiente de Toda a China" tivesse o direito de intentar acções judiciais de interesse público em casos de poluição ambiental. Mas muitas ONG, professores e advogados alegaram que a disposição privava outros grupos sociais dos seus direitos de ação e enfraquecia o controlo público. Uma ONG de proteção do ambiente - Amigos da Natureza" apresentou uma carta aberta ao Comité Permanente do Congresso Nacional do Povo, afirmando que o projeto de alteração será difícil de aplicar e sugerindo a revisão da disposição (Brown-Inz, 2013). Por fim, a "Lei de Proteção do Ambiente", publicada em 2014, adoptou a sugestão e alargou a entidade que pode apresentar litígios ambientais aos tribunais através do artigo 58.º, o que concede a mais grupos sociais legais o direito de apresentar litígios ambientais (Comité Permanente do Congresso Nacional do Povo da China, 2014).

A "Lei de Proteção do Ambiente de 2014" acrescenta um novo capítulo 5 - "Divulgação de informações e participação do público" - para garantir o direito do público de obter informações ambientais, participar e supervisionar as actividades de proteção do ambiente nos governos e nas empresas (Comissão Permanente do Congresso Nacional do Povo da China, 2014). É necessário e importante, porque a aplicação efectiva das leis exige não só a aplicação governamental, mas também o apoio e a supervisão do público. A resolução dos problemas ambientais e a consecução do desenvolvimento sustentável requerem não só a regulamentação e a legislação governamentais de cima para baixo, mas também a preocupação e a participação do público de baixo para cima, a fim de criar um bom ambiente democrático e gerar sugestões construtivas e medidas sensatas. Por conseguinte, a sensibilização do público, a educação alargada e a participação do público no controlo da poluição devem ser incentivadas e popularizadas.

6. Conclusão

A tese tenta encontrar uma solução viável para o problema da poluição atmosférica em Pequim e na China, comparando e estudando os casos de poluição anteriores nos EUA e no Reino Unido. Os casos históricos de controlo da poluição, as teorias EKC e path dependence provam que a sustentabilidade ambiental e o desenvolvimento económico podem avançar em conjunto, embora a mudança da deterioração ambiental para a melhoria tenha levado tempo. No entanto, os resultados positivos exigiram o desenvolvimento de ciência e tecnologia respeitadoras do ambiente, a determinação de mudar para a sustentabilidade, o apoio económico e social à transformação, etc. A tese centra-se na eficácia da legislação ambiental para contribuir para esta transição positiva. Através do contraste da situação económica e ambiental antes e depois da aplicação da legislação ambiental nos EUA e no Reino Unido, pode concluir-se que as leis e regulamentos de controlo da poluição com base científica podem travar a poluição, promover a investigação e o desenvolvimento e reforçar a transformação social sustentável. É com isto que Pequim e a China podem aprender quando tentam legislar contra a poluição atmosférica semelhante que se verifica atualmente.

No entanto, existem muitos outros factores cruciais que são necessários para alcançar a transformação sustentável, tais como o desenvolvimento da ciência e da tecnologia, a educação para a proteção do ambiente, o papel das ONG ambientais, o investimento financeiro, o estímulo económico, etc. No que diz respeito ao estudo da legislação ambiental, a tese apenas faz uma análise geral da correlação entre a legislação e o desenvolvimento da técnica ambiental e a posterior melhoria económica e da qualidade do ar. Estudos aprofundados do papel das leis ambientais no controlo da poluição e da relação entre as leis e o desenvolvimento da ciência e tecnologia ambientais e as consequentes mudanças económicas e sociais seriam mais úteis para uma compreensão mais profunda do assunto e para a resolução de problemas semelhantes.

7. Agradecimentos

Gostaria de expressar o meu especial agradecimento ao meu orientador de tese, o Professor Maths Isacson, pela sua sábia orientação, sugestões e paciência, e ao meu avaliador de tese, o Professor Gabriel Michanek, pelos muitos bons conselhos para melhorar a tese e mesmo o estudo futuro. Gostaria também de expressar os meus agradecimentos ao meu opositor de tese, Stephen Christos, pelos seus gentis e valiosos comentários para modificar a tese. Agradeço também a Alexander Rosenstrom, Joe Anderson, Miao Hao, Xiaohui Ma, Zhichun Chai e Zhizheng Wang a sua ajuda na recolha dos dados e fontes necessários. Finalmente, gostaria de agradecer a todos os que me encorajaram e apoiaram a vir para a Suécia para estudar este assunto interessante e significativo e escrever esta tese, especialmente aos meus queridos pais, ao Instituto Sueco, à Universidade de Uppsala e à Faculdade de Ciências da Terra, ao Centro de Desenvolvimento Sustentável e ao CEMUS. Foi uma óptima experiência e oportunidade para mim estudar na Universidade de Uppsala e aprender o Programa de Desenvolvimento Sustentável. Será sem dúvida um tesouro na minha vida!

8. Referências

Conselho de Recursos Aéreos, Califórnia. (2015, 6 de janeiro). *Principais eventos na história da qualidade do ar na Califórnia.* Recuperado em 12 de março de 2015, de Air Resources Board, Califórnia: http://www.arb.ca.gov/html/brochure/history.htm

Alfarra, M. (2004). *Insights sobre aerossóis orgânicos atmosféricos usando um espectrômetro de massa de aerossol.* Recuperado em 22 de fevereiro de 2015, de

http://cires1.colorado.edu/jimenez/Papers/Alfarra_PhD%20Thesis_0Chapter0_ Preface.pdf;http://cires1.colorado.edu/jimenez/Papers/Alfarra_PhD%20Thesis _1Chapter1_Introduction.pdf

ARB. (2008). *Cleaner-Burning Gasoline: An Update.* Recuperado em 2 de abril de 2015, de AirResources Board, Califórnia: http://www.arb.ca.gov/fuels/gasoline/cbgupdat.htm

Aslanidis, N. (2009, Jan.). *Curvas de Kuznets ambientais para emissões de carbono.* Recuperado em 1 de março de 2015, de http://ageconsearch.umn.edu/bitstream/54299/2/75-09.pdf

Bai, L. C. (2015, março). *ФШ&¥1%X^ЯЯ^Я1ШЛЁЙ. (Chinês) O progresso e a perspetiva do estudo da neblina da Academia de Ciências da China.*

Obtido em 10 de abril de 2015, de http://www.cnki.com.cn/Article/CJFDTotal-KYYX201403001.htm

Governo de Pequim. (2013). *⅞tfft 2013-2017 ½^½^ff⅞ ^. (Chinês) Lei do Ar Limpo de Pequim 2013-2017.* Recuperado em 2 27, 2016, de eBeijing, o site do escritório do governo de Pequim: http://zhengwu.beijing.gov.cn/ghxx/qtgh/t1324558.htm

Gabinete Municipal de Meteorologia de Pequim. (2014). Qualidade do ar em Pequim - dados históricos. Pequim, Pequim, China.

Gabinete Municipal de Estatística de Pequim. (2014). *Informações básicas de Pequim.* Recuperado em 2 de fevereiro de 2015, do Departamento Municipal de Estatística de Pequim: http://www.bjstats.gov.cn/esite/ Chinese

Gabinete Municipal de Estatística de Pequim. (2014). *Anuário estatístico de Pequim 2014.* Recuperado em 1 de março de 2015, do Departamento Municipal de Estatística de Pequim:

http://www.bjstats.gov.cn/nj/main/2014-tjnj/CH/index.htm

Rede Pública de Proteção Ambiental de Pequim. (2011 -2012). ^*M^^^^7∏^^(f^ it⅛J 2011-2015. (Chinsee) Plano de ação para o ar limpo de Pequim 2011-2015*. Recuperado em 2 27, 2016, da Rede Pública de Proteção Ambiental de Pequim:

http://www.bjee.org.cn/s_125jihua_2011/

Beynon, H., Cox, A., & Hudson, R. (1999). *The Decline of King Coal.* Recuperado em 12 de abril de 2015, de http://www.cardiff.ac.uk/socsi/resources/The%20decline%20of%20king%20co al%20-%201.pdf

Bhatnagar , V. (2014). *O problema da poluição chinesa e a política do "Airpocalypse".* Recuperado em 2 de abril de 2015, de

http://www.studentpulse.com/articles/859/2/the-chinese-pollution-problem-and -a-politica-do-pocalipse-aereo

Brimblecombe, P. (2007). *A Lei do Ar Limpo após 50 anos.* Recuperado em 22 de março de 2015, de http://onlinelibrary.wiley.com/doi/10.1256/wea.127.06/pdf

Brimblecombe, P. (2011). *The Big Smoke-A history of air pollution in London since medieval times.* 2 Park Square, Milton Park, Abingdon, Oxon, OX14 4RN: Routledge.

Brown-Inz, A. (2013, 13 de julho). *Vista dos media: Controvérsia sobre a ação judicial de interesse público ambiental.* Recuperado em 2 de julho de 2015, de China Development Brief:

http://chinadevelopmentbrief.cn/articles/view-from-the-media-controversy-ove r-environmental-the-public-interest-lawsuit/

Gabinete de Análise Económica. (n.d.). *Crescimento económico na Califórnia.* Recuperado em 28 de abril de 2015, de Departamento de Comércio dos EUA:

http://www.bea.gov/iTable/iTable.cfm?reqid=70&step=1&isuri=1&acrdn=1#re qid=70&step=7&isuri=1&7003=200&7004=sic&7005=-1&7006=06000&700 1=1200&7002=1&7090=70&7093=levels

Professor de Ciências da Califórnia. (2015). *Alertas de poluição (Estágio 1) - OZÔNIO, 1976-2010.* Recuperado em 28 de abril de 2015, do California Science Teacher:

https://sites.google.com/site/cascienceteacher/cscs-activites/cscs-chemistry/air- pollution-patterns/smog-alerts-stage-1

Chang, Q. G., Pan, C. X., Xie, Q. X., & Gao, L. Y. (2003, Nov.). Análise de séries temporais sobre a relação entre a poluição atmosférica e a mortalidade diária em Pequim. *Journal of Hygiene Research*, pp. Vol.32, No. 6.

Notícias da China. (2011). *⅞⅛i⅛ffl%M⅞½ 143,2 -^12 Л 23,6 Я (chinês) Pequim vendeu 1,432 milhões de veículos no ano passado e 236 mil em dezembro do ano passado.* Obtido em 15 de abril de 2015, de http://www.chinanews.com/auto/2011/01-21/2804557.shtml

David, P. (2000). *Path dependence, os seus críticos e a procura de uma "economia histórica".* Recuperado em 25 de abril de 2015, de http://www-siepr.stanford.edu/workp/swp00011.pdf

David, P. (2006). *Path dependence: a foundational concept for historical social science.* Recuperado em 25 de abril de 2015, de http://www.researchgate.net/publication/4902534_P PATH DEPENDENCE - UM CONCEITO FUNDAMENTAL PARA A HISTÓRIA SOCIAL

DECC. (2014). *Energy Consumption in the UK [Consumo de energia no Reino Unido].* Recuperado em 11 de abril de 2015, de Department of Energy and ClimateChange : https://www.gov.uk/government/collections/energy-consumption-in-the-uk

Dockery, W. D., Pope, A. C., Xu, X., Spengler, D. J., Ware, H. J., Fay, E. M., et al. (1993). An association between air pollution and mortality in six U.S. cities. *N. Engl. J. Med*, pp. 1753-1759.

Economy, C. E. (2003). *O desafio ambiental da China: Implicações políticas, sociais e económicas.* Recuperado em 25 de abril de 2015, de http://www.cfr.org/china/chinas-environmental-challenge-political-social-econ omic-implications/p5573

Gabinete de Proteção Ambiental do Município de Pequim. (2013). *Iniciativas de gestão da qualidade do ar de Pequim (2013-2017).* Recuperado em 12 de fevereiro de 2015, de Gabinete de Proteção Ambiental do Governo Municipal de Pequim: http://www.kankyo.metro.tokyo.jp/policy_others/international/attachement/Ses sion1.pdf

EPA. (2013). *Setting Emissions Standards Based on Technology Performance [Definição de normas de emissões com base no desempenho tecnológico].* Recuperado em 20 de abril de

2015, da Agência de Proteção Ambiental dos Estados Unidos: http://www.epa.gov/air/caa/standards_technology.html

EPA. (2014). *Progresso na limpeza do ar e na melhoria da saúde das pessoas.* Recuperado em 5 de abril de 2015, de Agência de Proteção Ambiental dos Estados Unidos:

http://www.epa.gov/air/caa/progress.html

EPA. (2015). *Processo de revisão das normas nacionais de qualidade do ar ambiente.* Recuperado em 20 de abril de 2015, da Agência de Proteção Ambiental dos Estados Unidos: http://www.epa.gov/ttn/naaqs/review.html

ETH. (2012). *Partículas de aerossóis.* Recuperado em 27 de março de 2015, de Eidgenssische Technische Hochschule Zürich, Instituto de Ciências Atmosféricas e Climáticas: http://www.iac.ethz.ch/edu/courses/bachelor/vertiefung/atmospheric_physics/S cript-2012/Script-aerosols.pdf

Freeman, C. W., & Lu, Q. X. (2008). *Assessing Chinese Government Response to the Challenge of Environment and Health - A Report of the CSIS Freeman Chair in China Studies.* Recuperado em 2 de abril de 2015, de

http://csis.org/files/media/csis/pubs/080707_freemanchinesegov_web.pdf

Giussani, V. (1994). *A Lei do Ar Limpo de 1956 do Reino Unido: An Empirical Investigation.*

Obtido em 4 de março de 2015, de

http://cserge.ac.uk/sites/default/files/gec_1994_20.pdf

Goklany, M. I. (1998). *Precisamos do Governo Federal para proteger a qualidade do ar?* Recuperado em 12 de abril de 2015, de

https://wc.wustl.edu/files/wc/imce/do_we_need_the_federal_government_to_p rotect_air_quality.pdf

Autoridade da Grande Londres. (2002, Dez.). *50 years on - The struggle for air quality in London since the great smog of December 1952.* Londres: Greater London Authority.

Grennfelt, P. (2013). *Poluição atmosférica - algumas observações históricas e desafios futuros.* Obtido em 29 de abril de 2015, de

http://www.rff.org/Documents/Events/MISTRA-2013-May-7/Grennfelt%207% 20May%202013.pdf

Guo, B. X. (2007, abril). ^^^^^ЙЖ^^^Й^-"^Й^ (chinês)-(Novos progressos sobre o impacto da poluição do ar na saúde humana). *JORNAL DA UNIVERSIDADE DE PEQUIM (CIÊNCIAS DA SAÚDE).*

Hare, S., Cresswell, L., Twigg, R., & Buchdahl, J. (2002). *Air Pollution - Fact Sheet Series for Key Stage 4 and A-Level.* Recuperado em 26 de março de 2015, de http://www.stockport.gov.uk/2013/2994/19672/19710/airpollutionexplained

He, H., Wang, M. X., Wang, S. Y, Wang, F. Z., Liu, G. J., & Chen, F. Y. (2013). лЧ ^S≡, 0⅛^M(ChmeseXThe causa e efeito de Haze e controle). *Jornal da Academia de Ciências da China*, pp. 344-352.

He, J. (2007). *A hipótese da Curva de Kuznets Ambiental é válida para os países em desenvolvimento? Um inquérito.* Recuperado em 10 de março de 2015, de

http://gredi.recherche.usherbrooke.ca/wpapers/GREDI-0703.pdf

HMSO. (2010). *Lei do Ar Limpo de 1956.* Recuperado em 20 de março de 2015, de Her Majesty's

Stationery Office, Londres:

http://www.legislation.gov.uk/ukpga/1993/11/contents

HMSO. (2010). *Lei do Ar Limpo de 1956, 1968 e 1993.* Recuperado em 26 de março de 2015, de Her Majesty's Stationery Office, Londres:

http://www.legislation.gov.uk/ukpga/1993/11/contents

Jacqui, J. (2013). *UK Service Industries: definição, classificação e evolução.* Recuperado em 23 de abril de 2015, de

http://www.ons.gov.uk/ons/rel/naa1-rd/national-accounts-articles/uk-service-in dustries--definition--classification-and-evolution/uk-service-industries-pdf.pdf

Kaiman, J. (2014, Fev.). *A poluição tóxica do ar na China assemelha-se ao inverno nuclear, dizem os cientistas.* Recuperado em 2 de maio de 2015, de

http://www.theguardian.com/world/2014/feb/25/china-toxic-air-pollution-nucle ar-winter-scientists

Kenney, R., & Gastman , A. (2012, 4 de julho). *Lei do Ar Limpo, Estados Unidos.* Recuperado em 22 de abril de 2015, de A Enciclopédia da Terra: http://www.eoearth.org/view/article/151129/

Kinston, C., & Caballero, G. (2008, 16 de junho). *Comparing Theories of Institutional Change.* Recuperado em 23 de abril de 2015, de http://www3.amherst.edu/~cgkingston/Comparing.pdf

Kretzschma, G. J. (2007). Cinquenta anos de investigação e política sobre a poluição atmosférica na UE. Em A. C. Borrego, & C. A. Brebbia, *Air Pollution* (p. 4). WIT Press / Computational Mechanics.

Lars, L. J. (2011). *Sweden's Environment Problems and Protection 1960-2010.* Recuperado em 28 de abril de 2015, da Agência Sueca de Proteção Ambiental: http://www.naturvardsverket.se/Nerladdningssida/?fileType=pdf&downloadUrl =/Documents/publikationer6400/978-91-620-8501-8.pdf

Li, N., Peng, W. X., & Zhang, Y. B. (2009, dezembro). Relationship between Air Pollutant and Daily Hospital Visits for Respiratory Diseases in Guangzhou: a Time-Series Study. *Journal of Environmental Health*, p. 12.

Li, R. J. (2014, 11 de abril). *Seis indústrias poluentes para sair de Pequim.* Recuperado em 28 de março de 2015, de http://www.china.org.cn/environment/2014-04/11/content_32062596.htm

Li, Z. X., Rao, R., Song, H. Y., & Tan, F. Z. (2011, Dez.). Análise da Produção e Consumo de Carvão e Perspectivas da Procura de Carvão em Pequim. (Chinês)). *China Energy*, pp. 29-32.

Liu, G. X., Li, J., Qu, Y., Han, T., Hou, L., Gu, J., et al. (2013). *Mecanismo de formação e evolução da neblina regional: um estudo de caso na megacidade de Pequim, China.* Recuperado em 10 de março de 2015, de http://www.atmos-chem-phys.net/13/4501/2013/acp-13-4501-2013.pdf

Lockwood , A., Welker-Hood, K., Rauch, M., & Gottlieb, B. (2009, Nov.). *"Coal's Assault on Human Health" Relatório dos Médicos para a Responsabilidade Social.* Recuperado em 1 de abril de 2015, de http://www.psr.org/resources/coals-assault-on-human-health.html

LSE. (2008). *London's Place in the UK Economy, 2008-09.* Recuperado em 28 de abril de

2015, da London School of Economics and Political Science: http://www.lse.ac.uk/geographyAndEnvironment/research/london/pdf/BC_RS_ LPUKfullreportforweb.pdf

Luo, W. Q. (2014, 16 de abril). ⅞¾PM2.5ХЖКШШЯ *PM2.5 ^ƒPƒP /IƒLPƒ' Г-. (Chinês)O último estudo da fonte dePM2.5 mostra que 1/3 da poluição veio da emissão de veículos.* Recuperado em 5 de abril de 2015, de

http://bjrb.bjd.com.cn/html/2014-04/16/content_170485.htm

Ma, H. X., Gan, L., Zhang, Y. A., Li, J. N., & Zhang, Y. M. (2013, março). *Análise de causa sobre nevoeiro e neblina durativos em janeiro de 2013 na área de Pequim.* Recuperado em 20 de fevereiro de 2015, de http://image.hanspub.org:8080/pdf/AEP20130200000_95556509.pdf

Projeto Maddison. (2013). *Nova base de dados do Projeto Maddison.* Recuperado em 3 de março de 2015, de http://www.ggdc.net/maddison/maddison-project/data.htm

McKie , R. (2012, 27 de maio). *Rachel Carson e o legado de Silent Spring.* Recuperado

20 de maio de 2015, do The Guardian:

http://www.theguardian.com/science/2012/may/27/rachel-carson-silent-spring- aniversário

Ministério da Proteção Ambiental da República Popular da China. (2013). *Relatório anual do controlo das emissões de veículos na China.* Ministério da Proteção do Ambiente da República Popular da China.

Mol, J. A., & Carter, T. N. (2006). *China's Environmental Governance in Transition.*

Obtido em 4 de abril de 2015, de

http://www.researchgate.net/profile/Arthur_Mol/publication/40115224_China's

_Environmental_Governance_in_Transition/links/00b7d5354f403a3c4b000000 .pdf

Moore, M. (2014). *O 'airpocalypse' da China mata 350.000 a 500.000 por ano.*

Obtido em 2 de março de 2015, de

http://www.telegraph.co.uk/news/worldnews/asia/china/10555816/Chinas-airp ocalypse-kills-350000-to-500000-each-year.html

Gabinete Nacional de Estatística da China. (2013). *China Energy Statistical Yearbook, 2000-*

2013. Beijing, China: China Statistic Publishing House.

Gabinete Nacional de Estatística da China. (2014). *China Statistical Yearbook, 2014*. Recuperado em 3 de março de 2015, de http://www.stats.gov.cn/tjsj/ndsj/2014/indexeh.htm

North, D. (1994). *Institutional Change: Um Quadro de Análise*. Recuperado em 15 de março de 2015, de https://www.iei.liu.se/nek/730A22/filarkiv-2013/del-1a-andersson/1.516348/NorthInstchangeframework.pdf

ONS. (2013). *170 anos de mudança industrial na Inglaterra e no País de Gales*. Recuperado em 14 de abril de 2015, de Office for National Statistics: http://www.ons.gov.uk/ons/rel/census/2011-census-analysis/170-years-of-indus try/170-years-of-industrial-changeponent.html

Pettinger , T. (2012). *The Decline of the UK Coal Industry (O declínio da indústria do carvão do Reino Unido)*. Recuperado em 16 de abril de 2015, de http://www.economicshelp.org/blog/6498/uncategorized/the-decline-of-the-uk- coal-industry/

Pope, A. C., Thun, J. M., Namboodiri, M. M., Dockery, W. D., Evans, S. J., Speizer, E. F., et al. (1995). Particulate air pollution as a predictor of mortality in a prospective study of U.S. adults. *Am. J. Respir. Crit. Care Med,* pp. 669-674.

POST. (2002). *Air Quality in the UK (Qualidade do ar no Reino Unido)*. Recuperado em 22 de março de 2015, de Parliamentary Office of Science and Technology: www.parliament.uk/post/home.htm

Rowley, E. (2013). *A economia de Londres supera o desempenho do resto do Reino Unido*. Recuperado em 15 de abril de 2015, de http://www.telegraph.co.uk/finance/economics/9927706/Londons-economy-out performs-the-rest-of-UK.html

Schnelle, B. K., & Brown, C. J. (2001). *Air Pollution Control Technology Handbook*. CRC Press.

Distrito de Gestão da Qualidade do Ar da Costa Sul. (2014). *A guerra do Southland contra o smog: Cinquenta anos de progresso em direção ao ar limpo (até maio de 1997).* Recuperado em 2 de maio de 2015, do Distrito de Gerenciamento da Qualidade do Ar da Costa Sul: http://www.aqmd.gov/home/library/public-information/publications/50-years-o f-progress

Stern, D. (1998). *Progressos na curva de Kuznets ambiental?* Recuperado em 15 de março de 2015, de http://journals.cambridge.org/download.php?file=

Stern, D. (2004). *Curva de Kuznets ambiental.* Recuperado em 15 de março de 2015, de http://www.sterndavidi.com/Publications/EKC.pdf

Stern, D. (2004). *A ascensão e queda da curva de Kuznets ambiental.* Recuperado em 15 de março de 2015, de

http://steadystate.org/wp-content/uploads/Stern_KuznetsCurve.pdf

Su, D. X. (2013, 2 de julho). *2013 φj⅞⅛⅞M 60 £%№ШM£$Ш ^. (Chinês) O ano de 2013 se tornou o ano mais nebuloso de todos os tempos.* Recuperado em 2 de abril de 2015, de

http://www.china.com.cn/news/txt/2013-07/02/content_29298856.htm

Sun, L. Y., Zhuang, S. G., Tang, H. A., Wang, Y., & An, S. Z. (2006, maio). *Caraterísticas químicas de PM2.5 e PM10 em episódios de neblina e nevoeiro em Pequim.* Recuperado em 20 de março de 2015, de http://www.ncbi.nlm.nih.gov/pubmed/16749674

Congresso popular municipal de Pequim. (2000, Dez.). *Regulamento Municipal de Pequim sobre a aplicação da "Lei de Prevenção e Controlo da Poluição Atmosférica". (chinês).* Obtido em 29 de abril de 2015, na Biblioteca jurídica: http://www.law-lib.com/law/law_view.asp?id=36377

The Economist. (2013, 1 de junho). *O próximo grande salto em frente do mundo. - Rumo ao fim da pobreza .* RetrievedMarch2 , 2015, from

http://www.economist.com/news/leaders/21578665-nearly-1-billion-people-ha ve-been-taken-out-extreme-poverty-20-years-world-should-aim

O Comité Permanente do Congresso Nacional do Povo da China. (1989). *Lei de Proteção Ambiental da República Popular da China, 1989.* Recuperado em 2 de abril de 2015, de http://www.china.org.cn/english/environment/34356.htm

O Comité Permanente do Congresso Nacional do Povo da China. (2005, 5 de agosto). *Lei de Prevenção e Controlo da Poluição Atmosférica, 2000. (chinês).*

Recuperado em 5 de junho de 2015, de O Governo Popular Central da República Popular da China:

http://www.gov.cn/ziliao/flfg/2005-08/05/content_20945.htm

O Comité Permanente do Congresso Nacional do Povo da China. (2014). *Lei de Proteção Ambiental da República Popular da China, 2014.* Recuperado em 20 de fevereiro de 2015, de http://www.lawinfochina.com/display.aspx?id=18126&lib=law

Banco Mundial; Administração Estatal de Proteção Ambiental, R. P. China. (2007). *Cost of Pollution in China - Economic Estimates of Physical Damages (Custo da Poluição na China - Estimativas Económicas dos Danos Físicos).* Beijing: Banco Mundial.

PNUA. (2014). *Livro do Ano do PNUA - Questões emergentes no nosso ambiente global.* Recuperado em 10 de maio de 2015, de United Nation Environment Programme: http://www.unep.org/yearbook/2014/PDF/UNEP_YearBook_2014.pdf

USL. (2014). *Lei do Ar Limpo.* Recuperado em 20 de abril de 2015, de US Legal: http://environmentallaw.uslegal.com/federal-laws/clean-air-act

Vergne , J.-P., & Durand, R. (2010). *The Missing Link Between the Theory and Empirics of Path Dependence: Conceptual Clarification,Testability Issue, and Methodological Implications.* Recuperado em 22 de abril de 2015, de

http://papers.ssrn.com/sol3/papers.cfm?abstract_id=1888292

Wang, Y. (2013). *Análise das caraterísticas de alteração da qualidade do ar ambiente e dos factores de influência em Pequim nos últimos 10 anos.* Recuperado em 10 de fevereiro de 2015, de http://cpfd.cnki.com.cn/Article/CPFDTOTAL-HJKP201308005145.htm

Wong, D. (2013, março). *Custo dos danos ambientais na China cresce rapidamente em meio à industrialização.* Recuperado em 3 de abril de 2015, de The New York Times: http://www.nytimes.com/2013/03/30/world/asia/cost-of-environmental-degrada tion-in-china-is-growing.html?src=xps

Banco Mundial. (2014, Dez.). *Produto interno bruto 2013.* Recuperado em 2 de março de 2015, de http://databank.worldbank.org/data/download/GDP.pdf

Banco Mundial. (2015, março). *Rendimento nacional bruto per capita 2013, método Atlas e PPC.* Obtido em 2 de março de 2015, de http://databank.worldbank.org/data/download/GNIPC.pdf

Organização Mundial de Saúde. (2005). *Diretrizes da OMS sobre a qualidade do ar para partículas, ozono, dióxido de azoto e dióxido de enxofre. Atualização global 2005.* Obtido em fevereiro. 2, 2015, deWorldHealthOrganization :

http://whqlibdoc.who.int/hq/2006/WHO_SDE_PHE_OEH_06.02_eng.pdf

Organização Mundial da Saúde. (2014, março). *Qualidade do ar ambiente (exterior) e saúde.* Recuperado em 2 de fevereiro de 2015, de Organização Mundial da Saúde:

http://www.who.int/mediacentre/factsheets/fs313/en/

Xinhua. (2015, 15 de fevereiro). *Graft buster publica casos de corrupção no sector ambiental.* Recuperado em 29 de abril de 2015, de

http://www.chinadaily.com.cn/china/2015-02/15/content_19593164.htm

Xu, B. (2014, abril). *A crise ambiental da China.* Recuperado em 30 de março de 2015, de http://www.cfr.org/china/chinas-environmental-crisis/p12608

Yu, D. L., Wang, F. G., Zhang, J. R., Zhang, M. L., Song, Y., Wu, B. B., et al. (2013). Caracterização e distribuição de fontes de PM2.5 em um ambiente urbano em Pequim. *Aerosol and Air Quality Research,* pp. 574-583.

Zhang, J. J. (2013, Jan.). *Is Environmentally Sustainable Economic Growth Possible in China?* Recuperado em 22 de março de 2015, de

http://thediplomat.com/2013/01/is-environmentally-sustainable-economic-gro wth-possible-in-china/

Zhao, J. X., Pu, W. W., Meng, W., Ma, Q. Z., Dong, F., & He, D. (2013, Fev.). PM2. 5 Poluição e propriedades ópticas do aerossol em dias de nevoeiro e neblina durante o outono e inverno na área de Pequim (chinês). *Ciência Ambiental,* p. 2.

Zheng, X. (2014). *Pequim espera ar saudável até 2030.* Recuperado em 26 de fevereiro de 2015, de http://www.chinadaily.com.cn/china/2014-07/02/content_17635872.htm

Zhu, Y., & Zhang, Y. (2015). *Representante do Congresso Nacional do Povo da RPC: A restrição de circulação e compra de veículos móveis deve ser abolida.* Obtido em 5 3, 2015, de China Bunisess Journal:

http://dianzibao.cb.com.cn/html/2015-03/09/content_40706.htm?div=-1

MIX
Papier aus verantwortungsvollen Quellen
Paper from responsible sources
FSC® C105338

Printed by Books on Demand GmbH, Norderstedt / Germany